图解花椒高效栽培与修剪关键技术

主　编　彭长江

副主编　李　华　庞　佩

参　编　李坤清　范文仲　李　威

梁森林　鄢俊梅

机械工业出版社
CHINA MACHINE PRESS

本书从培育优质花椒的角度出发，通过大量生产一线的图片详细介绍了花椒的特征特性、花椒的类型和品种、花椒苗木繁育、花椒建园、花椒整形修剪、花椒园地肥水管理、花椒常见病虫害及冻害防治、花椒果实采收和干制等内容。本书内容丰富、系统，语言通俗易懂、形象直观，有很强的针对性和可操作性，能很好地贴合生产实际。

本书是编者多年研究成果和实践经验的总结，适合广大花椒种植户、经营者学习使用，也可供农林院校相关专业师生阅读参考。

图书在版编目（CIP）数据

图解花椒高效栽培与修剪关键技术 / 彭长江主编.
北京：机械工业出版社，2024. 11. -- ISBN 978-7-111-76690-2

Ⅰ. S573-64

中国国家版本馆 CIP 数据核字第 2024LJ1695 号

机械工业出版社（北京市百万庄大街22号　邮政编码100037）
策划编辑：高　伟　周晓伟　　责任编辑：高　伟　周晓伟　章承林
责任校对：肖　琳　李　婷　　责任印制：单爱军
保定市中画美凯印刷有限公司印刷
2024年11月第1版第1次印刷
169mm×230mm · 6.5印张 · 131千字
标准书号：ISBN 978-7-111-76690-2
定价：49.80元

电话服务
客服电话：010-88361066
　　　　　010-88379833
　　　　　010-68326294

网络服务
机　工　官　网：www. cmpbook. com
机　工　官　博：weibo. com/cmp1952
金　　书　　网：www. golden-book. com
机工教育服务网：www. cmpedu. com

前 言

花椒属于芸香科花椒属，全球共有 250 个种，我国有 39 个种、14 个变种。按照花椒果皮外观形状和商品特征，分为红花椒和青花椒两大类。花椒是烹调中常用的调味品，主要用于餐饮市场、家庭自用和食品加工等方面。作为麻味的主要来源，花椒是其他任何调味品都无法替代的。

我国是花椒原产地，花椒第一生产大国，花椒种植面积和产量为全球之首。花椒种植的经济效益显著，但并不是种植了花椒就可以获得良好的效益。从花椒种植发展的实际情况来看，种植花椒必须要了解市场，同时要学习花椒种植的相关知识，落实花椒种植的各个技术环节，才有可能实现高产、高效的既定目标。

根据花椒种植者的需求，编者结合多年的研究成果和实践经验，以图文并茂的形式编写了本书。本书主要内容包括花椒的特征特性、花椒的类型和品种、花椒苗木繁育、花椒建园、花椒整形修剪、花椒园地肥水管理、花椒常见病虫害及冻害防治、花椒果实采收和干制。书中大量的图片全部来自生产一线，可供读者参考和借鉴。与其他果树相比，花椒的种植成本是比较低的，按照本书介绍的各个技术环节去栽培花椒，就有可能获得很好的经济效益。

需要特别说明的是，本书所介绍的相关技术、所用药物及其使用剂量仅供读者参考，不可照搬，各地应因地制宜。在实际生产中，所用药物学名、常用名和实际商品名称有差异，药物浓度也有所不同，建议读者在使用每一种药物之前，参阅厂家提供的产品说明书，以便科学用药。

在本书编写过程中，编者参引了部分相关文献内容，在此对这些资料的原作者表示衷心的感谢。

由于编者水平有限，书中难免存在错误和不足之处，敬请读者批评指正。

编 者

目 录

第五章　花椒建园

第六章　花椒整形修剪

第七章　花椒园地肥水管理

第八章　花椒常见病虫害及冻害防治

第九章　花椒果实采收和干制

CHAPTER 01

第一章 概 述

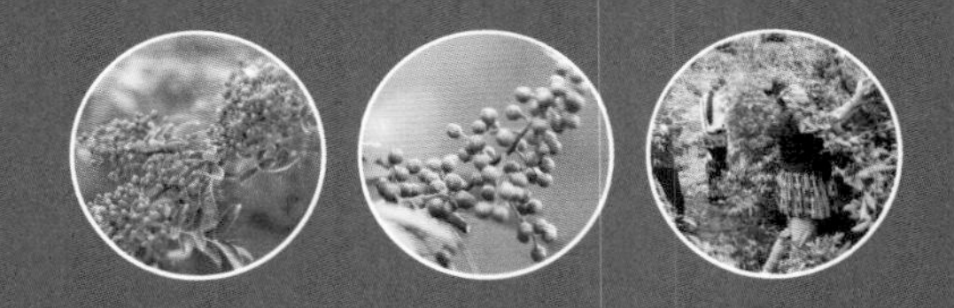

随着我国市场经济的不断发展和完善，花椒生产已不再是一种简单的种植行为，而是一种与市场紧密相连的农业经营活动，因为大多数种植者都是为了获取经济效益而种植花椒。自产自用、小面积种植可以不研究市场，但如果种植面积比较大，希望在花椒种植中获取较高回报，就必须认真研究市场，掌握市场变化趋势和规律。目前我国农产品市场已经形成大流通、大循环的格局，全国花椒市场变化对每一个局部地区都有影响；一个地区的花椒销售状况很可能就是全国花椒销售状况的缩影。因此，我们应该认真了解、分析和研究花椒市场，使自己在发展花椒产业的过程中不再盲目，才能在市场经济的大潮中多盈利。

一、我国花椒的生产概况

花椒属于芸香科花椒属，是多年生落叶小乔木。按照颜色不同，通常将其分为红花椒（图 1-1）和青花椒（图 1-2）两类。我国是花椒原产地，也是花椒第一生产大国，花椒产量为全球之首。20 世纪 50 年代初期，全国花椒年产量为 0.2 万 ~0.25 万吨。改革开放以后，花椒作为特色经济作物，种植面积开始迅速扩大，到 20 世纪 90 年代中期，全国花椒年产量近 6 万吨。2008 年突破 20 万吨，2012 年突破 30 万吨，2017 年突破 40 万吨，2020 年突破 50 万吨，2022 年达到 57 万吨，为历史最高水平。花椒年产量超过万吨的地区有四川、陕西、重庆、云南、山东、甘肃、河南、山西，其中四川、陕西、重庆、云南、甘肃年产量超过 5 万吨。四川 2018 年产量超过 10 万吨，2021 年产量超过 14 万吨，2016 年以来产量稳居全国第一（图 1-3）。我国花椒主要产区有四川汉源、金阳、洪雅，陕西韩城、凤县，重庆江津，云南鲁甸，山东莱芜，甘肃武都、秦安，其中汉源、韩城、凤县、江津、莱芜、武都、秦安均被誉为“中国花椒之乡”。

图 1-1　红花椒

图 1-2　青花椒

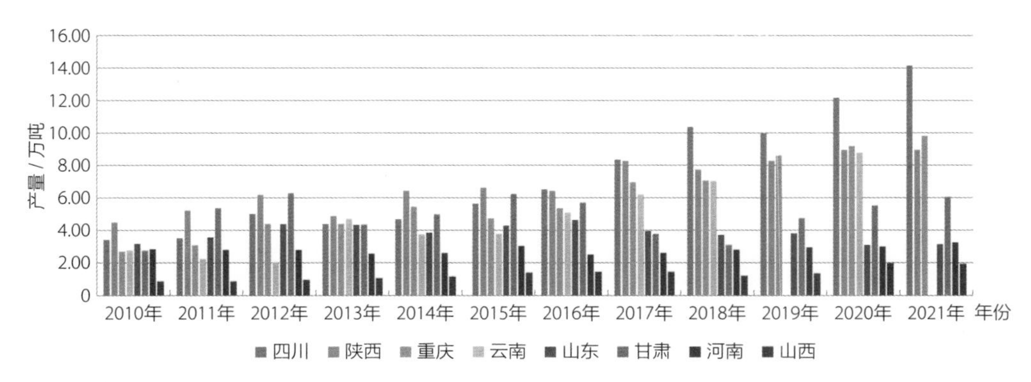

图 1-3 全国主要花椒产区产量

注：本图 2010—2018 年数据来源于 2010—2018 年《中国林业统计年鉴》，2019 年以后的数据来源于资料收集整理。

从图 1-4 可以看出，自 2010 年以来，四川、重庆、陕西、云南产量保持较快的增长势头，甘肃产量自 2018 年后开始逐渐恢复，山东、河南、山西产量较为平稳。

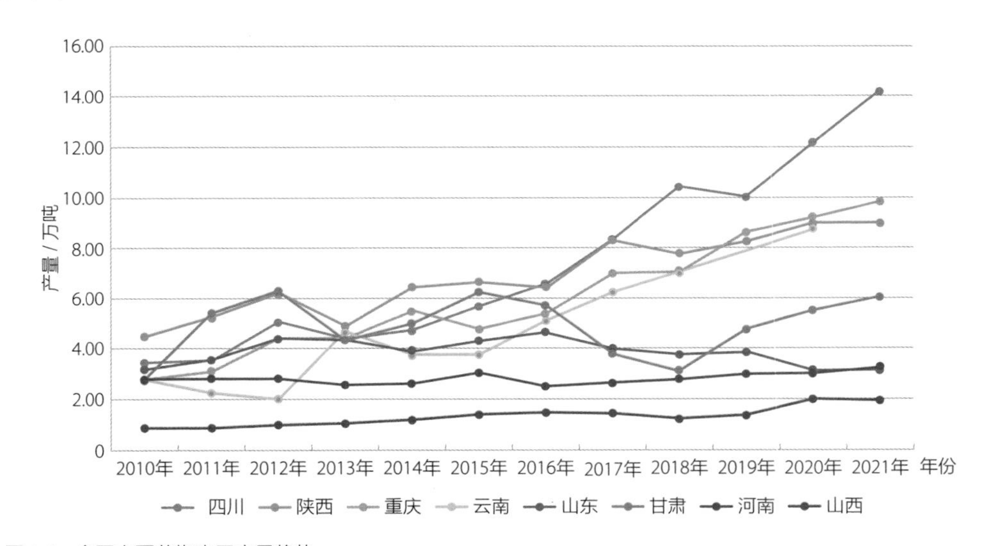

图 1-4 全国主要花椒产区产量趋势

2004 年以来，花椒种植集中度增强，花椒主要产区的种植面积明显扩大，而非主要产区的种植面积在不断缩减。产量达万吨以上的省份总产量占全国总产量的比例呈上升趋势，最高比例出现在 2017 年，达到 97%；其中，四川、陕西、重庆、云南四个主要产区的总产量占全国总产量的 72%。2020 年，重庆江津的花椒投产面积为 50 余万亩（1 亩 ≈666.7 米 ^{2}），年产鲜花椒 30 万吨，产值达 32.5 亿元，位居全国青花椒基地之首，占全国青花椒市场份额的 60%。2020 年韩城花椒种植面积为 55 万亩，品种以大红袍为主，干花椒产量达到 3 万吨。四川花椒产区分布较广，2020 年产量已达 12.56 万吨。

二、花椒的消费方式和销售方式

国内花椒产品中干花椒占据了主要市场。根据《中国花椒产业调查分析报告》，在青花椒产品中，干花椒占 78%（图 1-5），保鲜花椒占 12%，花椒调味品占 7%，花椒精深加工品占 3%。红花椒产品也以干花椒为主，花椒油和调味品占比较少。在加工方式上，以烘烤或晾晒等初级加工为主，精深加工方式较少（图 1-6）。

图 1-5　干花椒

图 1-6　花椒干制车间

据调查，我国有 4 亿多人习惯食用花椒，花椒消费主要包括餐饮市场、家庭自用、食品加工等方面。目前，餐饮市场、家庭自用和食品加工在花椒消费市场上各占 41.24%、29.71%、29.05%。其中，家庭自用消费量基本上不会有大的变化，变化较大的是餐饮业和食品加工业，这两大行业的需求直接决定了花椒产业的发展前景。

在餐饮业方面，自 20 世纪 90 年代以来，随着我国改革开放和城镇化进程加快，配有花椒的川菜、火锅、烧烤等特色餐饮随着人口流动开始向各地扩散，推动了花椒需求量的不断增加。作为麻味的主要来源，花椒为餐饮提供了独特的味型。近几年，不断推出的餐饮多样化制作方法，使花椒越来越广泛地应用于各大餐饮品类。我国花椒加工主要分为粗加工和精深加工两种类型。粗加工，即将花椒烘烤或晾晒，然后制成干椒；精深加工则是将花椒果皮、种子开发利用，制作成花椒调味油、花椒酱、花椒精油及花椒茶等多种产品（图 1-7）。近年来，藤椒种植迅猛

图 1-7　各种花椒制品

发展，各种藤椒种植基地（图 1-8）和藤椒加工企业如雨后春笋般出现，市场对新推出的藤椒味型产品非常认可。据统计，藤椒油市场规模将以每年 25% 左右的复合增长率快速发展，预计 2025 年藤椒油市场规模达 41 亿元，成为花椒加工业的带头产业。

图 1-8 藤椒种植基地

目前，花椒产品主要以批发、零售的方式进行流通。为了方便流通，各主要产区都建立了花椒专业市场，集中批量销售各类花椒产品和加工品。随着电商的蓬勃发展，花椒网购模式也开始兴起。花椒是我国传统的出口商品，主要销往日本、泰国、美国和欧洲等国家及地区，花椒产品出口量远大于进口量。2015 年我国花椒出口量为 12.2 万吨，出口额为 12.87 亿美元；进口量为 230.51 吨，进口额为 234.57 万美元。2019 年出口量为 15.39 万吨，出口额为 17.42 亿美元；进口量为 355.52 吨，进口额为 371.42 万美元。

三、花椒的价格变化情况

2015 年以来，全国花椒价格在波动中上涨，至 2018 年，由于局部地区遭遇自然灾害导致花椒产量减少，供不应求，各地花椒价格快速上涨，创造了历史新高，平均批发价超过 100 元 / 千克。由于花椒价格连年上涨，加之 2018 年价格暴涨，进一步刺激了种植者的积极性，花椒种植面积达到历史最高水平，但是进入 2019 年，花椒价格开始逐步回落。尽管如此，种植成本和利润之间仍然有较大空间。随着花椒种植面积的进一步优化、市场需求的进一步增加，特别是食品加工业和餐饮业需求的增加，花椒平均价格上涨是大概率要发生的

（表 1-1 和表 1-2）。

表 1-1　2021 年 12 月 30 日全国花椒产地批发均价（元 / 千克）

类别	产地	特级	一级	二级	一级环比
红花椒	甘肃武都	131.44	121.62	112.28	0.20%
	甘肃秦安	111.34	102.00	93.34	−1.29%
	陕西韩城	84.00	76.00	68.00	0.88%
	陕西凤县	112.66	106.66	95.34	0.00%
	四川汉源	129.34	116.66	108.00	0.57%
	四川茂县	161.34	148.00	130.00	−2.20%
	山西芮城	68.66	62.00	55.34	1.09%
	南椒产区	128.58	118.22	107.76	−0.39%
	北椒产区	79.20	71.62	64.04	0.94%
青花椒	四川金阳	85.34	74.66	66.66	−2.61%
	云南昭通	76.66	70.00	64.00	0.00%
	重庆江津	56.00	52.00	50.66	0.00%

注：本表数据来源于新华财经。

表 1-2　2022 年 12 月 30 日全国花椒产地批发均价（元 / 千克）

类别	产地	特级	一级	二级	一级环比
红花椒	甘肃武都	101.88	91.88	82.38	0.22%
	甘肃秦安	90.00	83.34	75.34	0.00%
	陕西韩城	64.66	58.00	52.66	0.00%
	陕西凤县	82.00	74.66	68.66	0.00%
	四川汉源	96.00	89.34	82.66	0.75%
	四川茂县	144.00	130.66	115.34	0.00%
	山西芮城	50.66	44.66	38.66	0.00%
	南椒产区	101.16	92.50	83.64	0.24%
	北椒产区	60.30	53.84	48.30	0.00%

（续）

类别	产地	特级	一级	二级	一级环比
青花椒	四川金阳	64.66	58.00	50.66	−2.25%
	云南昭通	61.34	57.34	51.34	0.00%
	重庆江津	44.00	40.00	34.00	0.00%

注：本表数据来源于新华财经。

四、花椒的种植成本和效益

从定植到投产，花椒一般在第 3 年开始产生效益。以租地经营为例，投产之前的生产成本主要包括土地流转费、园地改造费、设施安装费、幼苗购置费、化肥农药等生产资料购置费、人工费（图 1-9）等，根据抽样调查，每亩的生产成本大约为 2000 元。投产以后，1 年的土地租金、人工费、化肥农药等生产资料购置费每亩为 1200~1600 元。定植 3 年后，红花椒每株能采收鲜椒超过 2 千克（折合干椒超过 0.5 千克），按照干椒销售价为 80 元 / 千克、每亩 70 株计算，每亩产值为 2800 元，扣除 6 元 / 千克的鲜椒采收费共计 840 元，每亩可以获得约 1960 元收益。定植 5 年后，平均每株能采收 4 千克鲜椒（折合干椒为 1 千克），则每亩可产 70 千克干椒，每亩产值为 5600 元，扣除 6 元 / 千克的鲜椒采收费共计 1680 元，每亩可以获得 3920 元的收益。如果农户在自己的承包地上种植花椒，种植成本中就没有土地流转费和人工费，收益会更高。

青花椒的种植成本和效益与红花椒不同。青花椒第 3 年开始初挂果，每株产鲜椒约为 1.75 千克，按照 5 千克鲜椒折合 1 千克干椒计算，每株产干椒 0.35 千克，按照干椒销售价

图 1-9　人工采收花椒

为 50 元 / 千克、每亩 100 株计算，每亩产值为 1750 元，扣除 3 元 / 千克的鲜椒采收费共计 525 元，每亩收益为 1225 元。青花椒进入盛果期以后，每株产鲜椒 7.5~10 千克，折合干椒为 1.5~2 千克，每亩产值为 7500~10000 元，扣除 3 元 / 千克的鲜椒采收费共计 2250~3000 元，每亩收益为 5250~7000 元。青花椒采用人工采收方法，成本相对较高，现在很多地方在推行电动剪整枝采收（图 1-10），然后在室内集中烘烤干制，机械筛选，大幅度降低了人工采收的费用，从采收到干制一气呵成，每千克鲜椒的成本费用可以控制在 2 元以下，有效提高了收益。如果是农户在自己的承包地种植，收益就会更高一些。

图 1-10　电动剪整枝采收

上述的成本效益分析是通过抽样调查做出的，其实有很多种植户采用花椒高产配套栽培技术，产量和收益远不止于此。因地制宜落实花椒高产配套栽培技术，不论花椒行情如何变化，都能够做到收益远大于成本。

CHAPTER 02

第二章

花椒的特征特性

一、花椒植物学特征

1. 枝干

花椒为芸香科落叶灌木或乔木。在放任生长条件下，花椒植株容易表现出灌木的特性，经过人工修剪，花椒植株又可以形成乔木的生长形态（图 2-1 和图 2-2）。枝干是输送和贮藏养分、着生叶片和果实、构成树形和植株的重要器官，对花椒进行管理，如整形修剪、病

图 2-1　花椒植株表现出灌木的特性

图 2-2　经过修剪的花椒植株形成乔木的生长形态

虫害防治、果实采收等，都要通过枝干进行，所以必须对枝干有充分的了解和认识。植物有根、茎、叶、花、果实、种子六大器官，枝干就是植物学中的茎。花椒的枝和干实际上是两个层级，干是指主干，花椒植株如果任其自然生长，则没有主干，只是从根部抽出若干枝条。如果加强对植株的管理，培植主干，并在主干上培育出若干主枝，主枝又培育出若干侧枝，这样就可以形成由主干、主枝、侧枝和辅养枝组成的骨干枝，成为花椒开花结果的基础。

2. 叶片

花椒叶为复叶，由 5~11 片小叶组成奇数羽状复叶（图 2-3），叶片呈长椭圆形或卵圆形。在北方地区，为了适应寒冷的冬季，叶片几乎全部脱落，植株生长停滞，进入休眠期。在南方地区，花椒叶片在冬季不会全部脱落，在肥水良好的条件下，冬季可以保留 60%~80% 的叶片（图 2-4）。

叶片是花椒植株的重要器官，具有光合、蒸腾、呼吸三大作用。一是光合作用，绿色植物中的叶绿体利用光能，同化二氧化碳和水，制造有机物质并释放氧气的过程称为光合作用。叶片是花椒制造有机物质的主要器官，因此在栽培上要注意培植和保护叶片，促进叶片更好地进行光合作用。二是蒸腾作用，蒸腾作用是水分从叶片表面以水蒸气状态散发到大气中的过程。土壤中的水分通过花椒根毛吸收，进入茎内导管和叶内导管，然后再通过叶片气孔进入大气。叶面蒸腾作用可以促进花椒植株内部水分的流动，同时带动养分的转运和输送。三是呼吸作用，花椒叶片背面有气孔，通过气孔吸收二氧化碳排出氧气，完成自身的代谢活动。

图 2-3 花椒叶

图 2-4 冬季南方地区的花椒植株

花椒枝条上复叶数量的多少，对枝条和果实的生长发育及花芽分化的影响很大。1个果穗一般需要着生3片以上的复叶来提供养分，如果着生的复叶少于3片，容易导致果穗发育不良（图2-5）。

图2-5　花椒果穗和叶片

3. 花

花椒的花为聚伞圆锥花序，着生在叶腋处，呈黄白色，花期为3~4月（图2-6和图2-7）。雌雄同株或异株，异花授粉。花芽分化是花椒开花结果的前提条件，因此必须了解花芽分化的有关情况。花芽分化是指叶芽在一定条件下向花芽转化的过程，环境条件对花芽分化有直接影响。一是光照，充分的光照是花椒花芽形成的必要条件，因此在栽培上要注意合理密植，合理修剪，防止光照不足影响花芽分化。二是温度，最适宜花椒花芽分化的温度为20~25℃，一般在6月上中旬~7月上旬。第2年3月下旬~4月上旬花芽萌动，并陆续开花，大约在4月下旬开花授粉，雌蕊受精后结出果实。三是土壤

图2-6　花椒的花蕾

图2-7　花椒的花

养分，土壤养分及矿质元素的比例对花芽分化有直接影响，其中钾肥和氮肥对花芽分化的影响最大。四是枝条姿势，通常情况下斜生枝比直立枝更容易促进花芽分化，花椒植株的结果枝一般都是斜生枝，很少有直立枝，说明枝条的姿势对花芽形成有直接影响。

4. 果实

花椒的果实为蓇葖果，圆形，直径为 3.5~6.5 毫米，果面密生呈疣状凸起的腺点。缝合线不明显，成熟时自然开裂或在烘烤条件下开裂（图 2-8 和图 2-9）。一个正常发育的果穗有几十粒或数百粒果实。成熟果实的外果皮为红色或青绿色。授粉、受精后柱头枯萎，果实开始发育。早熟品种的果实于 4 月下旬迅速膨大，中晚熟品种的果实于 5 月中旬 ~6 月中旬迅速膨大。果实成熟期因品种不同而不同，早熟品种在 5 月中旬采收上市，晚熟品种在 9 月上中旬采收上市。

图 2-8　快速膨大期的红花椒果实

图 2-9　烘烤后开裂的青花椒果实

5. 根系

花椒为浅根性植物，根系由主根、侧根和须根组成。主根可分生出 3~5 条较粗的侧根，侧根再分生出小侧根，分布在土壤较浅的位置，一般是在 30~60 厘米的土层中。主根和侧根发出多次分生的细短网状须根，须根上再长出大量短的吸收根，是吸收肥水的主要部位。花椒根系是吸收养分和水分的主要器官，是实现高产稳产的重要部位（图 2-10 和图 2-11 ）。由于根系埋在土中，因而常常被种植者忽视。

图 2-10　幼树的根系

图 2-11　成年树的根系

提 示　花椒根系管理的主要问题，一是认为花椒是浅根性树种，就不需要深厚的土层。其实根据生产实践，深厚的土层有利于花椒伸展根系和吸收养分、水分，是花椒高产稳产的基础条件。在定植前要尽量进行起垄栽培，定植之后要经常翻耕园地，为根系的生长发育创造条件。二是湿害严重，由于花椒定植后种植者对根系发育的环境条件不够重视，造成大雨后土壤湿度太大，引发根系病变，影响植株健康生长。三是种植者对根系的吸收方式不了解，在施肥的时候满园乱撒，既造成肥料的浪费，又不利于根系对养分的吸收。

6. 种子

花椒果实中有种子 1~2 粒，种皮呈黑色、有光泽，直径为 3~4 毫米（图 2-12）。花椒种子大约占干制花椒果实重量的 60%。花椒种子表面有一层脂肪类物质，不易溶于水，因此在播种之前必须进行种子处理才能提高出芽率。花椒种子不仅可以用于繁殖种苗，而且是含油量丰富的油料资源、复合调味品的原材料、畜禽饲料的原材料、有机肥的原材料，是比较独特的农业副产物，有很好的开发利用前景。

图 2-12　花椒种子

二、花椒个体发育周期

花椒从种子萌芽生长形成一个新个体到植株衰老死亡的过程，称为个体发育周期，也叫生命周期。花椒的生命周期是一个连续的过程，并没有明显的界限，但是为了叙述方便，我们把花椒的生长发育过程分为苗期、幼龄期、初果期、盛果期和衰老期 5 个阶段。不同的品种、不同的栽培条件和栽培方式，花椒植株的经济寿命有很大的不同。经济寿命就是从花椒开花结果到形成一定经济价值的这段时期，而不是指它的生物学寿命。花椒的经济寿命一般是 30~40 年，在它的经济寿命结束以后，植株并不会马上死亡，还可以存活很多年。

1. 苗期

花椒苗木繁育主要有实生苗繁育和嫁接苗繁育两种方式。实生苗种子或者砧木种子播种后，需要经过 1~2 年的培育再出圃，这个阶段称为苗期（图 2-13）。苗期是花椒栽培的重要阶段，这个时期的任务是加强管理，培育出健壮的优质苗木，为后期的早结丰产奠定基础。

图 2-13　花椒苗期

2. 幼龄期

从幼苗定植到初果期前为幼龄期，也叫营养生长期，一般为 2~3 年（图 2-14 和图 2-15）。这一时期是植株枝干形成时期，对以后的生长发育有着重要影响。这个时期应加强肥水管理，着力培育骨干枝，合理安排植株结构，迅速扩大树冠，培育良好树形，保证植株正常生长发育，促进早结果、早丰产。

图 2-14　红花椒幼龄期

图 2-15　定植第 3 年的青花椒

3. 初果期

从开始开花结果到大量结果前的时期为初果期（图 2-16 和图 2-17）。花椒植株定植后 2~3 年即可少量开花结果，5 年后进入盛果期。这个时期的特点是营养生长和生殖生长都很旺盛，骨干枝、辅养枝快速生长，逐步形成预期的树形、树冠，同时结果能力逐步提高，产量逐步增加。这个时期必须加强肥水管理和植株整形修剪，为以后的持续高产稳产奠定基础。

图 2-16　红花椒初果期

图 2-17　青花椒初果期

4. 盛果期

从大量结果到植株出现衰老迹象的时期为盛果期（图 2-18 和图 2-19）。这一时期已经形成预定的目标树形，树冠扩大到预期的高度和宽度，几乎所有的新枝都可能形成结果枝，花果满树，高产稳产。在栽培管理良好的情况下，一般在定植 6 年以后进入盛果期，单株产量达到最好水平。这一阶段持续时间的长短，取决于立地条件、管理技术及品种特性，一般为 15 年，也有长达 20 年以上的。在盛果期的后期如果管理不善，就会出现衰老迹象。

图 2-18　红花椒盛果期

图 2-19　青花椒盛果期

5. 衰老期

花椒衰老期（图 2-20）是指植株出现明显衰老迹象到完全失去经济价值的时期。衰老期表现为坐果率明显降低，产量大幅度下降，新枝生长能力减弱、结果枝细弱短小、内部萌发大量徒长枝。花椒和柑橘等常绿果树不一样，其寿命相对较短，特别是管理不当或者长期放弃管理的花椒植株，衰老期到来的时间比较早，有的甚至没有进入盛果期就由初果期直接进入衰老期。这一时期的主要任务是对衰老植株的经济价值进行评估，如果还有经济价值，可

图 2-20　花椒衰老期

以有计划地培育更新枝条，促进形成新的树冠，恢复树势，延长其经济寿命；如果没有经济价值，或者栽植效益不明显，则可以考虑利用花椒老树桩重新嫁接花椒新品种，或者重新定植花椒幼树，也可以改种其他作物。

三、花椒对环境条件的要求

1. 温度

花椒属温带树种，适应范围很广，在年平均气温为 8~16℃的地方均可生长，但以年平均气温为 10~14℃的地区为好。在这种温度条件下，冬季一般不会受冻害，产量较稳定。花椒植株于春季平均气温稳定在 6℃以上时开始萌动，10℃时发芽生长（图 2-21）。花期适宜温度为 16~18℃，果实生长发育期（图 2-22）适宜温度为 20~25℃。花椒植株能短期耐

图 2-21　花椒发芽生长

图 2-22　花椒果实生长发育期

受 −18℃以上的低温，但其抗寒力不强，不论是北方还是南方，冬季冻害都有可能影响产量，应采取适当的防寒抗冻措施，确保其安全越冬。

2. 水分

与其他常绿果树相比，花椒较耐旱。定植成活以后，一般年降水量在 500~800 毫米可基本满足需求，但并不是说水分不重要。一方面，水分对花椒植株的营养生长和生殖生长都十分重要，花椒苗期和幼龄期对水分需求相对较多，适量的水分供应是幼树营养生长和扩大树冠的必要条件。在干旱地区，水分供应不足是花椒植株生长不良甚至死亡的主要原因（图 2-23）。久旱无雨，容易造成生理落果和干物质积累受阻，特别是开花结果期，植株对水分供应十分敏感，适宜的水分供应可以提高坐果率和果实品质。另一方面，花椒根系对湿害的忍耐力很差，土壤湿害容易造成根部病变。在南方地区，花椒园区必须做好排水防涝工作，尽量进行起垄栽培，深挖排水沟（图 2-24），防止积水对花椒植株造成危害；地下水位较高的地块，可在行间深挖排水沟（图 2-25），既可排水，又可蓄水。

图 2-23　干旱区花椒植株

图 2-24　深挖排水沟

图 2-25　行间深挖排水沟

3. 光照

花椒属喜光植物，年日照时数在 1800~2000 小时可正常生长，如果日照时数达到 2000 小时 / 年以上，在保证水分供应的前提下，生长会更好。光照对提高花椒产量和品质十分重要，一是在建园时应砍伐园区周边的杂树，或与周边的高大林木保持一定距离，不能让这些树影响椒园的光照条件（图 2-26）。二是合理密植，如果种植太密，会导致光照不足，单株产量低、品质差，仅椒园边缘受光条件好，光照充足，结果较多（图 2-27）。三是对植株进行整形修剪，促进枝条的合理分布，改善树冠内部的光照条件。

图 2-26　周边的高大林木影响椒园的光照条件

图 2-27　椒园边缘受光条件好，结果较多

4. 土壤

花椒对土壤的适应性很强，沙土、轻壤土、黏壤土及山地碎石土都能栽培。土壤 pH 在 6.5~8 的范围内均可栽植，但以 7~7.5 生长最好。花椒根浅，主要根系分布在 30~60 厘米的土层内，一般土层厚为 80 厘米左右即可满足生长的要求。尽管花椒是浅根性树种，但并不是说花椒不喜欢深厚的土壤，其实土层越深厚越有利于花椒根系的生长（图 2-28）。若土

图 2-28　土壤深厚有利于花椒高产

层太浅、土壤瘠薄，则根系的生长会受限，地上部会生长不良，使植株出现矮小、早衰等情况，影响花椒品质（图 2-29）。深厚、疏松、保水保肥性强、透气性良好的土壤是花椒实现高产优质的基本条件。

图 2-29　土壤瘠薄导致高温伏旱时枝叶干枯萎缩

CHAPTER 03

第三章 花椒的类型和品种

一、花椒的分类

芸香科花椒属植物大约有 250 种，广泛分布于亚洲、非洲、北美洲的热带和亚热带地区，有灌木、乔木、木质藤本多种植物类型。我国花椒属植物约有 39 个种，14 个变种，60 多个栽培品种。花椒的分类方法有很多，如按照植物学分类方法进行分类、按照产地进行分类、按照成熟期进行分类、按照商品外观进行分类等。作为普通种植者没有必要在花椒分类上耗费太多的时间和精力，只需掌握其商品外观的分类方法就行了。

我们说的花椒产品，实际上是指花椒果实的果皮。按照花椒果皮的外观形状和商品特征，我们可以把做调味品的栽培花椒分为红花椒（图 3-1）和青花椒（图 3-2）两大类。红花椒呈红色，包括鲜红色、暗红色、紫红色、洋红色。红花椒味香而麻，主要以干制花椒方式销售。红花椒根据成熟期、形态特征和果皮辛香风味的差异，可以进一步分为伏椒和秋椒两个亚类。伏椒产于陕西、甘肃和四川等地，如秦椒、川椒、凤椒等。该类花椒的果实成熟期为 7~8 月，干制的果皮稍小，但色泽艳丽，芳香和辛麻成分含量高，商品性状好。秋椒产于陕西、山东、河南、河北等地，如大红袍、小红袍、香椒籽、枸椒、白沙椒等。该类花椒果实在 9~10 月成熟，由于果实生长时间长，因此平均产量普遍高于伏椒，其果皮的芳香和辛麻成分含量中等或偏低，市场销售价格略低于伏椒。红花椒种植历史悠久，种植范围广，但是市场份额逐步让位于青花椒。青花椒是指果实成熟之后的外观仍然是青绿色或黄绿色的花椒，包括竹叶花椒和青花椒两个种，主要分布在四川、云南、贵州、重庆等西南地区，栽培面积比较大的品种有九叶青花椒、藤椒、顶坛花椒等。青花椒由于麻味十足，产量较高，种植工序比红花椒少，因此十多年来种植面积在南方地区逐步扩大。有鲜椒和干椒两种市场销售方式，产量占全国花椒总产量的 60% 左右。

图 3-1　红花椒

图 3-2　青花椒

二、花椒的品种

我国花椒种植历史悠久，品种资源十分丰富。目前我国花椒栽培品种有 60 多个，主要分为三类，一是长期种植的农家品种，二是在农家品种基础上选育的优良新品种，三是从国外引进的品种。

1. 红花椒

（1）四川大红袍（图 3-3） 别名西路椒。株高为 2~4 米，株型竖立，长势旺，分枝角度小，半开张。叶深绿色、肥厚，小叶 5~9 片，广卵圆形，叶尖渐尖。多年生茎为干灰褐色，果穗大、紧密，每穗有果实 30~60 粒。果实近于无柄，处暑后成熟，成熟后为深红色，晾晒后颜色不变，表面有粗大的疣状腺点。果实为圆形，较大，色泽鲜艳，品质好。千粒鲜重为 85~92 克，出皮率为 32.4%，干果皮千粒重为 29.8 克，4~5 千克鲜果晒干可至 1 千克。1 年生苗高达 1 米，一般定植后挂果，10 年生植株可产干椒 1~1.8 千克，15 年生植株一般可产干椒 4~5 千克。枝干皮刺少，采收比较方便。

图 3-3　四川大红袍

（2）凤县大红袍（图 3-4） 又名凤椒、秦椒，是在凤县特定的地域和气候条件下培育出来的优良品种。该品种树势强健，分枝角度小，一般株高为 3~5 米，新生枝条的皮和皮刺呈棕红色，刺宽大、较密，多年生枝为棕褐色，有白色皮孔。该品种丰产性强，喜肥耐旱。果实色泽鲜红、粒大，果皮厚、形具“双耳”，麻味浓郁、清香悠长。果实于 7 月中下旬成熟。

图 3-4　凤县大红袍

（3）四川大红椒（图 3-5）　又称大花椒，农家品种。株型为多主枝半圆形或多主枝自然开心形，盛果期株高为 2.5~5 米，树势强健，分枝角度较大，较开张。1 年生枝为褐绿色，

图 3-5　四川大红椒

多年生枝为灰褐色。叶片较宽大，呈卵状矩圆形。叶色较大红袍浅，有明显腺点。果实较长，果穗较松散，每穗结果 20~50 粒，最多达 160 粒。果实中等大，直径为 4.5~5 毫米，成熟时为鲜红色，表面有粗大疣状腺点，鲜果千粒重为 70 克左右，晒干后呈酱红色。果实于 7 月中下旬成熟，每 3.5~4 千克鲜果可晒制 1 千克干果皮，果实麻香味浓。喜肥水，产量稳定。

（4）汉源花椒（图 3-6） 又名正路椒、子母椒、双耳椒。株高为 3~5 米，果、枝、叶、干均有香味。茎为黑棕色（幼茎为紫红色），上有瘤状凸起。奇数羽状复叶，互生，小叶 5~13 片（多数 7~9 片），卵状长椭圆形，具有细锯齿，刺细长，齿缝有透明的油点，叶柄两侧具有皮刺。聚伞圆锥花序顶生，雌雄同株或异株。蓇葖果，每个果实含种子 1~2 粒，黑色有光泽。果实成熟时为红色至紫红色，晒干后呈酱红色。常在基部骈生 2 个小椒，所以称为娃娃椒。该品种果皮厚，表面密生呈疣状凸起的精油腔，内果皮光滑，为浅黄色，薄革质，多数与外果皮分裂而卷曲。该品种早熟、丰产，单株可产干椒 2 千克左右。果实麻味素含量高，油质重，香气浓郁，品质上等。

图 3-6 汉源花椒

（5）汉源无刺花椒（图 3-7） 在四川汉源农家品种中发现并选育而成的优良品种。该品种最大特点是盛果期果枝无刺，便于管理和采收。该品种定植 2~3 年后可开花挂果，枝条萌蘖性强，易复壮，丰产和稳产性好，耐旱和耐寒能力强，能适应干热、干旱及高海拔地

图 3-7　汉源无刺花椒

区。该品种为落叶灌木或小乔木，树势中庸，株型呈丛状或自然开心形，株高和冠幅一般均为 2~5 米。茎为灰白色，幼树有凸起的皮孔和皮刺，刺扁平且尖，中部及先端略弯。果穗平均长为 5.1 厘米，果柄较汉源花椒稍长，果皮有呈疣状凸起的半透明芳香油腺体，在基部并蒂附生 1~3 粒未受精发育而成的小红椒。果实成熟时为鲜红色，干后呈暗红色或酱紫色，麻味浓烈，香气纯正。

（6）日本朝仓花椒　该品种的特点是无刺或少刺，株型直立，呈杯状，萌芽力和成枝力均强。落叶小灌木，雌雄异株，株高 3 米左右，枝条密集，成抱头状生长。树干及枝条光滑无刺，皮纹纵裂小而细密，皮孔稀而小；叶片较大，表面有皱褶，小叶 9~15 片。果实呈圆形，较小，纵、横径为 5.65 毫米、5.04 毫米，鲜果千粒重为 66.78 克，果皮千粒重为 14~15 克，果皮厚度为 0.9~1.2 毫米，出皮率为 21.89%。果皮精油含量中等，为 6.0%~10.7%。每个小穗轴着生 1~2 粒果实，每个果穗平均着生果实 34 粒。果实于 9 月中下旬开始着色，开始为暗红色，以后逐渐转为鲜红色，成熟期为 10 月上旬。该品种耐旱性不强，特别是在定植前几年，必须做好肥水管理，才能保证有较高的成活率。

2. 青花椒

（1）汉源葡萄青椒（图 3-8）　在四川汉源发现并选育的适应高海拔的青花椒新品种。树势旺，株型呈丛状或自然开心形，株高 2~5 米，冠幅为 2~5 米，树干和枝条上均具有基部扁平的皮刺，枝条柔软。奇数羽状复叶，互生，小叶 3~9 片，叶片呈披针形至卵状长圆形，叶缘齿缝处有油腺点。聚伞圆锥花序腋生或顶生。花期为 3~4 月，果期为 6 月 ~8 月下旬，种子成熟期为 9~10 月，随海拔和气温不同略有差异。果穗平均长为 9.8 厘米，每个果穗平均结果 73 粒。果实为蓇葖果，平均直径为 5.61 毫米，果实表面有明显油腺点，颗粒大，皮厚，果实成熟时为青绿色，干后为青绿色或黄绿色，种子成熟时果皮为紫红色。干果皮平均千粒重为 18.91 克。每个果实含种子 1~2 粒，呈卵圆形或半卵圆形，黑色有光泽。定植 2~3 年后投产，6~7 年后进入盛果期，连年结实能力强且稳产性好。

图 3-8　汉源葡萄青椒

（2）九叶青花椒（图 3-9）　九叶青花椒为落叶灌木或小乔木，株高 3~7 米，果实、枝、叶、种子均有香味。茎为黑棕色或绿色，上有许多瘤状凸起。奇数羽状复叶，互生，小叶 7~11 片，卵状长椭圆形，叶缘具有细锯齿，齿缝有透明的油点，叶柄两侧具有皮刺。聚伞圆锥花序顶生，雌雄同株或异株。蓇葖果，果皮有疣状凸起，每个果含种子 1~2 粒。植株矮化健壮，枝条短而粗壮；结果枝长 70~85 厘米，成年健壮植株可着生 100~180 个花序，花序长 5~7 厘米。果实颗粒大，种皮麻味素含量高，香气浓郁。

图 3-9　九叶青花椒

（3）藤椒（图 3-10）　崖椒类品种。树冠呈圆头形，株高为 2~3 米，冠幅为 3~5 米，树势强健，主干、枝条具有坚硬皮刺，皮刺通常呈弯钩状斜生，枝条披散、延长呈藤蔓状，茎

图 3-10　藤椒

为暗灰褐色。萌芽力、成枝力强，耐修剪。小叶 3~9 片，偶见 11 片，呈披针形或卵圆形，较大，有香气。花单性，花被 4~8 片，单轮排列，心皮背部顶侧有较大油点。花柱分离，向背弯曲。聚伞圆锥花序多腋生，偶见侧枝顶生。花期为 4~5 月。蓇葖果多单生，偶见 2~3 个集于小果梗上，果皮有凸起油点，未成熟时为青绿色，成熟后为暗红色，成熟期为 9 月上中旬。果实较大，香气浓郁，麻味醇厚，品质优。该品种早实丰产能力强，单株产量最高为 25 千克；在湿润少日照天气下生长良好。定植 2 年成型并开花结实，4 年后进入丰产期，每亩可产鲜椒 400~600 千克。适宜四川盆地、周边丘陵山区及相似地区，海拔 1200 米以下，pH 为 5.5~7.5，土壤为沙壤、紫色土、黄壤等立地条件。

（4）无刺藤椒（图 3-11）该品种属半落叶性高大灌木，主干皮刺坚硬，呈垫状凸起。株高 2.0~3.0 米，冠幅为 3.5~5.8 米，平均为 4.5 米。圆锥花序，不完全花，纯雌花。无融合生殖特性，孤雌生殖。结实能力强，果实较大。隐芽寿命长，易更新复壮。有天然早实性，还有特殊香气。

图 3-11　无刺藤椒

（5）金阳青花椒（图 3-12）落叶高大灌木或小乔木，主干、主枝多为灰褐色，多皮刺，株高 3.0~5.0 米，冠幅为 4.0~6.5 米，枝条似藤蔓状。奇数羽状复叶，对生，叶轴具有宽翅，叶片形似竹叶。花期为 3 月初 ~3 月中旬。果实商品成熟期为 7~8 月，初为绿色；果实完全成熟期为 9 月上中旬，此时为暗红色，芳香浓郁，麻味绵长。干椒千粒重平均为 17.9 克。该品种果实颜色鲜绿、口味清香、香味独特而持久、麻味醇厚，早产、丰产、稳产、抗旱、抗病虫害能力强，是品质优良的青花椒品种。

图 3-12　金阳青花椒

CHAPTER 04

第四章

花椒苗木繁育

花椒苗木繁育主要有实生苗繁育和嫁接苗繁育两种方式。实生苗繁育方式简单，播种后经过1~2年的管理就可以出圃移栽，因此现在大面积栽培的花椒苗多数为实生苗（图4-1）。嫁接苗是近十多年兴起的繁育方式。花椒嫁接苗抗病、耐病、结果时间早，树势中庸，产量稳定，尽管嫁接育苗比较费工费时、育苗成本有所增加，但仍然值得推广。另外，花椒还可以采用扦插和分株方式来繁殖，但由于操作麻烦，不适宜规模发展，只适宜零星种植，所以在生产上一般不采用。

图4-1 花椒实生苗繁育苗圃

一、实生苗繁育

1. 播种适期

花椒有3个播种适期，春季播种（图4-2）、秋季播种（图4-3），以及介于二者之间的冬季播种（图4-4）。花椒种子出芽要求的适宜温度为12~16℃，幼苗生长的适宜温度为16~22℃，这个温度条件在秋季和春季都可以满足。春季播种的时间应根据当地的温度条件，因地制宜确定，但

图4-2 春季播种

图4-3 秋季播种

图4-4 冬季播种前整地

播种时间不宜太晚，否则春季后期气温回升快，容易导致苗床高温干旱，影响成苗率和幼苗质量。在南方地区冬季不太冷，可以在 9 月进行秋季播种，出苗以后覆盖小拱棚或大拱棚越冬。南方地区除了秋季播种和春季播种以外，还可以在冬季播种，但冬季播种不是典型的播种方式，即播种之后不浇水，只是“干播”，因为播种以后并不希望尽快出苗，而只是将种子贮藏在土壤中，待春季温度回升以后再浇水促苗。冬季播种后不浇水，种子在土壤中不会造成什么不良后果。但如果浇水，在晴朗的天气条件下，加上薄膜覆盖，种子就会发芽。冬季的温度很低，刚发出的芽会被冻死。冬季播种的目的，一是可以省去种子贮藏环节；二是可以提早出苗；三是可以提高幼苗整齐度，幼苗质量也会更好一些。

2. 种子准备

花椒实生苗种子（图 4-5）用于秋季播种时不需要进行贮藏。如果在第 2 年的春季播种，就需要对种子进行贮藏。研究表明，花椒种子在自然条件下贮藏，其发芽率会逐步递减，一般在 8 个月以后就会完全失去发芽能力。花椒种子贮藏需要适宜的温度和湿度条件，就像贮藏鲜活农产品一样，怕冷、怕热、怕干、怕湿。一是怕冷，贮藏的适宜温度为 5℃左右，不能低于 0℃，否则会导致胚芽冻坏，影响发芽率。二是怕热，花椒种子发芽的最低温度是 10℃，如果超过此温度种芽就可能在贮藏时萌发。三是怕干，花椒种子贮藏要求的空气相对湿度是 50%~60%，如果贮藏环境过于干燥，有可能使胚芽失去活性，导致最后发不出芽。四是怕湿，贮藏环境的相对湿度超过 80%，就会造成种子霉烂变质。

图 4-5 花椒实生苗种子

目前有很多贮藏方法来保证花椒种子的发芽率。其实，花椒种子（包括砧木种子）来源广泛，价格便宜，没有必要劳神费力去保证其发芽率达到 100%，可以采用简单方式，满足其温度和湿度条件，使发芽率在第 2 年春季达到 80% 左右即可，这样可以节约成本，减少不必要的开支。推荐下面两种贮藏方法。

（1）室内堆藏 用 3~5 倍种子重量的河沙作为贮藏介质，河沙的相对湿度为 50%~60%，以手捏成团、松手不散为宜（图 4-6）。将河沙和种子充分混合以后，堆积在室内的角落，然后用塑料薄膜覆盖保湿。如果没有河沙，也可以用过筛的细泥沙（图 4-7）来充当贮藏介质。细泥沙的湿度要求与河沙相同，将细泥沙和种子充分混合后，堆积在室内的角落，然后

图 4-6 相对湿度适宜的河沙

图 4-7 过筛的细泥沙

用塑料薄膜覆盖保温、保湿，贮藏期间要经常检查温度和湿度，发现异常及时处理。

（2）地窖贮藏（图 4-8） 现在农户家里普遍有用来贮藏薯类的地窖。地窖的保温和保湿效果好，可以用来贮藏花椒种子。具体方法是用 3~5 倍种子重量的河沙或过筛的细泥沙，与种子充分混合后置于地窖内，并在窖口用秸秆覆盖，以保温、保湿。

图 4-8 地窖贮藏

3. 种子处理

花椒种子的种壳比较坚硬，外面具有较厚的油脂层，不透水，如果不进行处理，播后发芽率很低，而且出苗很不整齐，因此在春季播种和秋季播种前必须对种子进行脱脂催芽处理。常用的处理方法有以下两种。

（1）开水烫种（图 4-9） 将种子放入容器中，倒入 2~3 倍于种子体积的沸水，急速搅拌 2~3 分钟后注入凉水，至不烫手为止，然后浸泡 2~3 小时。换清水继续浸泡 1~2 天后捞出，然后用湿布包裹，每天用清水淋 1 次，3~5 天后有白芽突破种皮时播种。

（2）洗衣粉浸种（图 4-10）　此法适宜秋季播种和春季播种时使用。将种子放入 1% 洗衣粉水中浸泡 2 天，然后在清水中反复搓洗，破坏包裹严实的油脂层，使水分能够浸入种子内部。将种子捞出后放在室内阴干后，即可准备播种。

图 4-9　开水烫种

图 4-10　洗衣粉浸种

注 意

在这里需要指出，冬季播种不需要进行种子处理，因为冬季播种只是将种子贮藏在土壤中，至第 2 年春季才浇水催芽。因此，可以让种子外皮的油脂层在冬季漫长的时间里自行分解，不会妨碍种子适时出芽。

4. 苗床准备

苗床质量直接影响幼苗的质量，育苗者一定要加以重视。苗床应选择地势平坦开阔、背风向阳、离水源近、疏松肥沃、土层深厚的沙壤土。一般可按 2 米开厢，包括 1.5 米宽的厢面和 0.5 米宽的走道。苗床有高厢和平厢两种（图 4-11）。如果苗床可能发生积水危害，要深挖厢沟，沟深为 0.5 米，厢沟要与地头的排水沟相连，便于排出积水。花椒幼苗不耐涝，

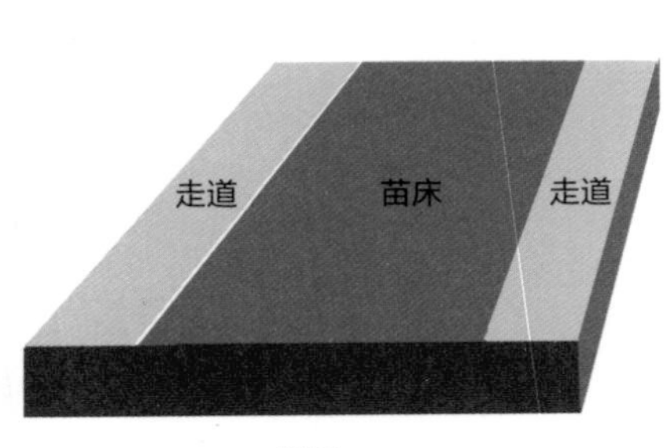

平厢

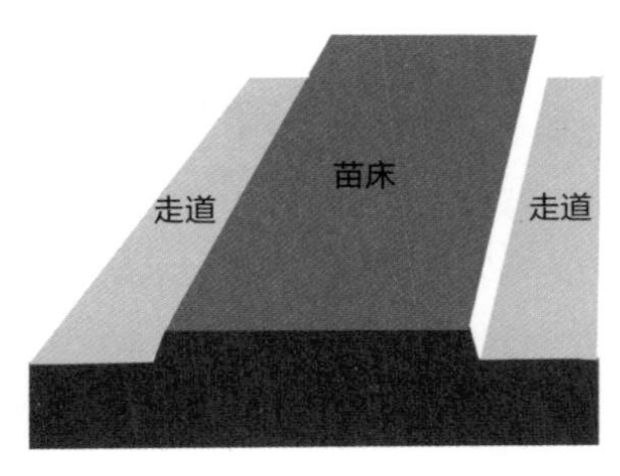

高厢

图 4-11　苗床示意图

即使短期的淹水也会导致幼苗死亡。如果苗床位置较高，预计苗床不会发生积水，可以不挖厢沟，进行平厢育苗。苗床整理之前要先将有机肥和复合肥撒施在土壤表面，一般要求每亩施腐熟有机肥 300~400 千克、复合肥 40 千克。施肥后进行深翻，整细、整平（图 4-12），然后准备播种。

图 4-12　苗床整细、整平

5. 称量播种

苗床单位面积的播种量，直接决定了幼苗的质量和经济效益。播种量少，单位面积出苗量少，不划算；播种量太多，幼苗过密，容易拔高徒长，导致幼苗质量差，应该根据育苗的用途决定播种量。苗床育苗的用途有两种，第一种是直接露地培育实生苗，这种用途的育苗种子不宜太多，每亩播种 6~10 千克，一般可以出 3 万多株苗；第二种是播种以后还要移栽到容器里进行培育，这种用途的种子播种密度可以大一些，一般每亩播种 15~20 千克，可以出 5 万多株苗。

6. 播种覆膜

花椒苗床播种有两种方式，一种是横沟播种，另外一种是撒播。每块苗床的种子用量要事先计算，然后称出每块苗床的用种量，或者用杯子将种子分成若干等份，以做到均匀播种。播种以后覆土 1 厘米。花椒种芽顶土能力弱，所以覆土不宜太厚，否则种芽生长会受到限制。种子发芽要求两个基本条件，一是温度，二是湿度。温度是通过适时播种来满足条件，湿度则需要人工补充水分。因此春季播种和秋季播种覆土后要饱灌底水（图 4-13），确保种子发芽的湿度要求。很多育苗户的出苗率低，就是因为没有满足花椒种子发芽的湿度条件。播种后覆盖地膜保温、保湿，出苗后拆除地膜，搭建塑料小拱棚或者大棚进行育苗（图 4-14 和图 4-15）。花椒幼苗生长的适宜温度是 15~22℃，春季播种的温度前期低后期高，秋季播种的温度前期高后期低，因此不论是春季播种还是秋季播种，播种

图 4-13　播种后饱灌底水

图 4-14　塑料小拱棚育苗

图 4-15　塑料大棚育苗

后的气温都不能完全满足其要求，需要在适当的时候搭建塑料小拱棚或大棚，进行覆膜保温育苗，才能够确保其健康生长。

7. 容器育苗

花椒幼苗根系不发达，耐旱能力差，加之很多花椒幼苗定植在缺水的山地、坡地，造成幼苗定植成活率低，而且生长缓慢，同一批定植苗生长不整齐，因此有必要推行容器育苗（图 4-16）。容器育苗的优点，一是幼苗质量好；二是定植成活率高；三是移栽后基本没有缓苗期，同批苗生长一致，长势旺。容器育苗有两种方式，一是先在苗床培育小苗，然后在小苗 3 叶 1 心时移栽到容器（营养杯）中，进行集中管理；二是在容器（营养杯）中直接播种 2~3 粒种子，然后灌水，出苗后，在 3 叶 1 心时进行匀苗、定苗，1 个营养杯保留 1 株苗，

图 4-16　容器育苗

拔除多余苗。定苗后，要进行多次肥水管理，促进幼苗健康生长。

8. 苗床管理

根据播种适期，苗床管理分为两种季节类型。一种是冬季播种和春季播种类型，其特点是前期温度低，后期温度高。冬季播种实际上是冬季在土壤中贮藏种子，春季浇水催芽，因此和春季播种一样是春季出苗。为了保证播种后的温度和湿度，要求在浇水后覆盖地膜，同时还要搭建塑料拱棚，进行双膜覆盖（图 4-17），以保温、保湿。4 月上旬气温回升，要注意揭开拱棚两头，通风降温。4 月底日平均温度在 15℃以上后，要及时拆除拱棚塑料薄膜，并覆盖遮阳网，进行遮阴覆盖栽培。遮阳网不仅可以降低高温危害，同时也可以防止大雨对幼苗的直接冲刷。花椒幼苗期必须要有充足的光照。采用遮阳网等设施进行遮阴育苗，往往容易造成光照不足，引发徒长，因此在晴天上午 9:00 后覆盖，下午 5:00 过后应及时将遮阳网揭开；阴天全天不要覆盖，使幼苗得到充足而适当的光照。同时，要注意补充肥水，以保证幼苗的正常生长。另外一种是秋季播种类型，其特点是前期温度高，后期温度低。当秋季播种的种苗顶土出苗后，要及时拆除地膜或其他覆盖物，让幼苗在露地苗床生长一段时间，10 月下旬 ~11 月上旬气温降低至 15℃以下时及时搭建塑料拱棚，进行覆盖保温越冬（图 4-18）。到第 2 年春季气温升高以后，要及时揭开塑料拱棚通风透气，当棚外平均气温达到 15℃时，要完全拆除塑料拱棚，苗床管理转为以降温保湿为主。

图 4-17　双膜覆盖

图 4-18　塑料拱棚保温越冬

二、嫁接苗繁育

我国大面积栽培的花椒幼苗多为实生苗，近十多年开始推广花椒嫁接苗。花椒嫁接苗的优点，一是抗病、抗逆能力较强；二是可以缩短幼树的生长时期，及早进入挂果阶段；三是树势稳健，有高产稳产基础，盛果期较长。嫁接苗的繁育方式有以下步骤。

1. 选择砧木

花椒砧木要根据当地的气候和立地条件，以及当地的嫁接试验和试种情况来选择。花椒砧木种类较多，除花椒本砧外，还有山花椒、竹叶椒、毛刺花椒、大青椒、川陕花椒等。山花椒耐寒力强，用作砧木可以提高植株的耐寒力，竹叶椒、毛刺花椒、大青椒生长旺盛，但耐寒力稍弱，适于冬季天气温和的环境条件。

2. 适时播种

花椒砧木种子的播种时间和花椒实生苗种子一样，南方多数地区在秋季、冬季和春季均可以播种，砧木苗床土壤要求整平、整细（图 4-19）。

图 4-19　砧木苗床土壤整平、整细

南方地区秋季播种是在 8 月中旬，此时的温度适宜砧木种子发芽出苗，而且在出苗之后还可以在适宜的温度条件下生长一段时间，一直到 11 月初温度降低到 15℃以后才搭建塑料拱棚，进行保温育苗。由于秋季育苗的时间比冬季和春季长，到第 2 年花椒幼苗将会比冬季播种和春季播种的长势好得多，幼苗高度和叶片数量明显好于冬季播种和春季播种。要保证秋季播种的花椒砧木幼苗健康生长，必须要有塑料拱棚保温设施和足够的耐心。

冬季播种花椒砧木种子的目的是减少砧木种子贮藏的风险，但是播种后不可以浇水，用细土覆盖后，再用塑料地膜覆盖，同时搭建塑料拱棚。等到第 2 年开春之前再浇水催芽促苗，然后开始育苗。冬季播种不是真正意义的播种，而是一种冬藏措施。冬季播种实际上并不要求砧木种子发芽，等到开春浇水后，才开始真正意义上的育苗。

春季播种的时间要因地制宜，尽量早播。南方地区一般在 2 月中下旬开始播种，一直可以播到 4 月底。5 月以后进入初夏，气温逐步升高，日照时间变长，种苗容易受旱，因此进入 5 月以后不宜播种。砧木苗的生长时间越长，直径就越大，越容易达到嫁接标准。因此，只要条件允许，要尽量早播。首先考虑在上一年秋季播种，其次是冬季播种，再是早春播种，最后考虑开春以后播种。

3. 苗圃假植

当砧木幼苗长至 4~10 片真叶时移栽，移栽前苗圃要先灌 1 次水，保持土壤湿润，以利于起苗不伤根。同时将长短不一的砧木苗分成不同的等级并分开假植（图 4-20），让每块苗床移栽的砧木苗整齐一致，便于以后嫁接。移栽的株行距为 10 厘米 ×20 厘米。移栽后浇定根水，保持苗床湿润，促其尽快恢复正常生长（图 4-21）。

图 4-20　假植砧木苗

图 4-21　假植 100 天后的砧木苗

4. 适时嫁接

花椒一年四季都可以嫁接，而且每个季节都有嫁接成活的例子，但从各地花椒苗嫁接实践来看，南方地区适宜嫁接时间为 2 月，北方地区 3~4 月嫁接较为合适，此时段嫁接成活率较高，能达到生产要求。

5. 嫁接方法

花椒嫁接苗繁育技术来自于果树嫁接技术。果树的嫁接方法有枝接、芽接、腹接三大类，如果要细分的话，还有劈接、舌接、皮接、皮下腹接、切腹接、嫩梢接、“T”形芽接、“工”字形芽接、方形芽接、埋芽接等。这些果树嫁接的方法应用于花椒嫁接时，有的效果好，有的效果差。根据花椒种植户和育苗专业户的实践经验，花椒嫁接成活率最高的是春季枝接。

选用枝条的一段来作为接穗的方法叫作枝接。这种接穗有1~2个芽（图4-22和图4-23），由于有壮实的枝条提供较多的水分和养分，因此嫁接成活率较高。具体方法是在距离地面5厘米处剪断砧木，然后在砧木边缘垂直切一个切口深至木质部（图4-24），切口的宽度与接穗相当，长2~3厘米；在接穗下端削一个2~3厘米长的大切面，再在背面削一个长1~2厘米的小切面；把接穗下端插入砧木切口中（图4-25），大切面向内，与砧木形成层对齐，用塑料薄膜将接口全部捆扎保护起来（图4-26）。按照上述方法嫁接，成活率可以达到90%以上。

图4-22　剪截接穗

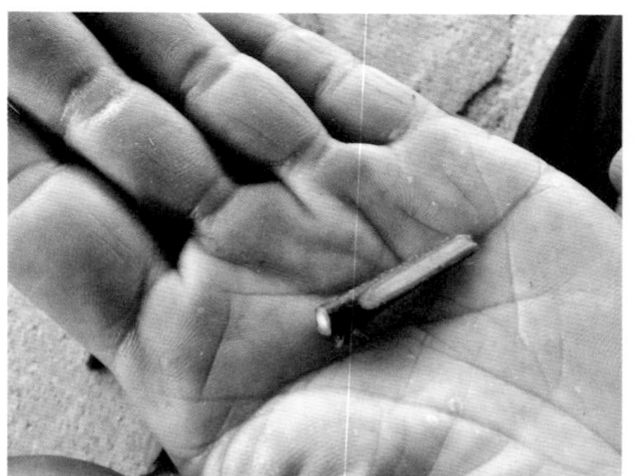

图4-23　带芽接穗

图4-24　垂直切开砧木深至木质部

图4-25　插入接穗

图4-26　捆扎塑料薄膜

6. 嫁接后的苗床管理

（1）覆膜 嫁接后温度还比较低，必须进行双层地膜覆盖（图 4-27），一层是覆盖在砧木上，一层作为拱棚膜，双层地膜覆盖可以为砧穗愈合创造适宜的温度条件。

图 4-27 双层地膜覆盖

（2）检查 在嫁接后 20 天左右进行检查，如果接穗的颜色新鲜饱满，证明嫁接已经成功；如果接穗枯萎变黑，说明没有接活，应及时在砧木另外的位置进行补接。

（3）除萌 嫁接成活后，从砧木上抽出的萌芽要及时去除，以免与接穗争夺养分（图 4-28）。

（4）摘心 待嫁接苗长到 50~65 厘米高时，可进行摘心，促使椒苗向粗生长，并发侧枝。

（5）管护 适时进行中耕除草，合理施肥，及时防治病虫害，保证嫁接苗正常生长。

图 4-28 除萌

CHAPTER 05

第五章 花椒建园

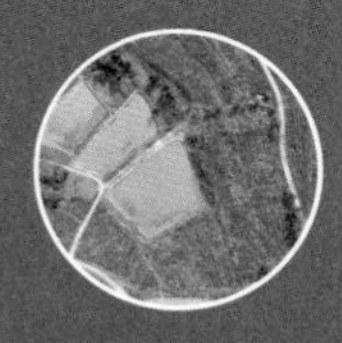
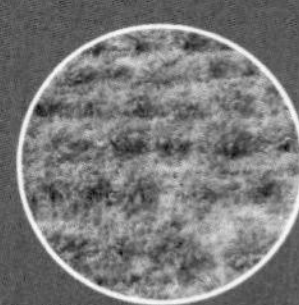

如果进行花椒小规模种植，种植者不需要进行园地规划和建设；如果要进行规模化、产业化经营，种植环境条件将直接影响花椒种植的产量、品质和经济效益，因此必须认真做好花椒园地的规划建设（图 5-1）。

图 5-1　花椒种植园区俯视图

一、品种选择

品种选择是建园之前要做的首要工作。优良花椒品种的评价标准应包括以下内容。

（1）丰产性　产量是衡量花椒品种优劣的首要指标，如果该品种在当地的产量很低，则不是优良品种。

（2）品质优良，市场反应好　要求产品的内在品质和外观品质符合该类产品的优质标准。品质优良必须和市场反应统一，种植者单方面认可是不够的，还要市场对品质认可。

（3）适应性　包括耐寒、耐旱、抗病虫害的特性，这些特性对于种植者来说非常重要，如果忽视品种的适应性，其中的任何一个问题都有可能造成很大的损失。另外，也应考虑树形、树势及皮刺是否方便管理和采收，如果不方便管理和采收，成本就会明显增加。

优良品种并不是在所有地区都能表现出优良特质，目前各地种植的花椒品种很多，但是迄今为止，还没有一个在南北各地都表现好的优良品种。往往是在南方地区表现好，在北方地区不一定也表现好；在甲地的生态条件下能够实现高产优质，在乙地的生态条件下就不一定实现。因此我们在建园之前，必须对拟定栽植的花椒品种进行认真调查研究。通过查询资料，咨询业内人士，实地考察该品种在生态条件相同或相似地区的表现情况之后，再做出品种选择的决定。

二、园地改造

园地土壤条件对于花椒幼树的生长发育和成年树的高产稳产有直接的影响，有很多种植者不重视园地改造，导致幼树定植后生长发育迟缓，挂果时间迟，产量和品质都不尽如人意。花椒栽植的土壤主要有平地、缓坡地、陡坡地，以及山地等类型。在平地和缓坡地要求进行全园深翻整地，深翻前要在土壤表面每亩撒施有机肥500~1000千克（图5-2），翻耕深度要求达到40~60厘米，土壤深翻整平后再开沟起垄。这里有以下两个技术要点。

图5-2 整地前撒施有机肥

（1）尽量多施有机肥 规模化种植花椒，有些经营者为了节约劳动力成本，不愿意增施有机肥，认为以后可以通过增施化肥来弥补，其实有机肥的作用是化肥无法替代的。有机肥不仅可以改善土壤的理化性质，而且可以持续为花椒提供养分，因此种植者一定要想方设法尽量多收集有机肥，然后不惜劳动力成本将其运到园地中并施用，以促进幼苗健康生长，为以后的高产稳产创造条件。

（2）园地起垄开沟 花椒最怕积水，即使是短期的积水危害也会导致植株生长停滞甚至死亡。南方地区雨水比较多，因此要求平地（图5-3）和缓坡地栽植花椒时进行起垄开沟栽培，起垄可以防止积水危害，同时可以增加土层厚度，为花椒根系发育提供良好的条件。缓坡地与平地相比，尽管降水流走得快一些，但是如果不进行起垄开沟栽培，同样容易发生积水危害，这点需要引起注意。陡坡地和山地种植花椒，要因地制宜进行园地土壤改良，有条件的地方最好整理成梯田（图5-4~图5-6），如果认为修建梯田的成本高，可以在坡地挖定

图5-3 在平地上起垄开沟栽培

图5-4 将坡地改造成梯田

图 5-5　梯田栽植花椒

图 5-6　石砌梯田栽植花椒

植坑，定植坑长和宽各为 60 厘米、深 50 厘米，并在坑底施有机肥 10~20 千克。通过挖大穴栽植坑，可以连带进行穴土改造，为以后花椒健壮生长创造条件。

三、苗木准备

花椒定植的幼苗（图 5-7）一般为 1~2 年生实生苗或嫁接苗，要求主、侧根完整，须根较多，苗高 60 厘米以上，茎粗 0.8 厘米以上，芽饱满。对不同等级苗木要分别集中栽植。栽植前要对幼苗进行处理，一是进行适当修枝、截干，减少椒苗水分的散失；二是修剪根系，剪去机械损伤根、病虫根、干枯根等。栽植前可以把幼苗根系在水里浸泡一段时间，让其吸足水分，有利于幼苗成活。

图 5-7　定植的幼苗

四、定植适期

花椒定植的适宜时期一般是在春季和秋季，春季和秋季栽植花椒苗各有其优势。春季在 3 月上中旬苗木萌芽前栽植。这个时候气温逐步回升，幼苗内部的生命活动逐步转旺，定植后幼苗在适宜温度条件下生长的时间长，有充足的时间完成缓苗、发根、萌芽、抽枝等生长过程。秋季栽植一般在 10 月，此时花椒幼苗蒸腾量小，降雨较多，有利于定植树苗的成活。秋植成活以后仍然有一段适宜的温度时期供其生长，可为安全越冬做好准备。

五、定植密度

进行规模化种植的丰产园要求进行合理密植，以保证能够早结果、早丰产。土层比较瘠薄的花椒园，按照株距 2 米、行距 3 米（每亩栽植 111 株），或者株距 2 米、行距 3.5 米（每亩栽植 95 株）进行栽植；土层较厚的花椒园采用株距 3 米、行距 3.5 米（每亩栽植 63 株，见图 5-8），或者株距 3 米、行距 4 米（每亩栽植 56 株，见图 5-9）进行栽植。株型直立的可适当密植，株型开张的要适当稀植。定植穴一般规格为长和宽各为 40 厘米、深 50 厘米。

图 5-8　株距 3 米、行距 3.5 米的花椒园

图 5-9　株距 3 米、行距 4 米的花椒园

六、定植方法

若土壤为黏土或者下层为不过水层，则需要加深定植穴深度，穿过不过水层，避免栽种后出现积水。挖坑时，将表层土与底层土分开堆放，表层土与底肥（每个定植穴混合 5~10 千克有机肥）混合后回填，将幼苗定植于穴中，注意覆土不要超过苗木根颈部。饱灌定根水是保证幼苗成活的关键，不论土壤含水量为多少，也不论在定植之前是否降雨，都必须尽可能做到饱灌底水（图 5-10），以促进根系与土壤的充分密接。为了保证存活率，最好栽植营养杯苗，或进行带土移栽。定植

图 5-10　定植后饱灌底水

裸根苗，应尽量缩短根裸露的时间。为了提高成活率，还可以采用生根粉浸泡根系，或者在窝穴中撒施 0.1 千克的保水剂。定植以后用塑料薄膜或地布或稻草进行覆盖，以保温、保湿，抑制杂草。

七、栽后管理

定植后要像管理蔬菜一样管理花椒幼苗，除了定植的时候做到饱灌底水外，定植以后，还要根据土壤墒情，做到小水勤浇，促其成活。待幼苗萌芽以后要施用清粪水加少量尿素，促其健壮生长，发现有缺窝死苗现象要及时补苗。

CHAPTER 06

第六章

花椒整形修剪

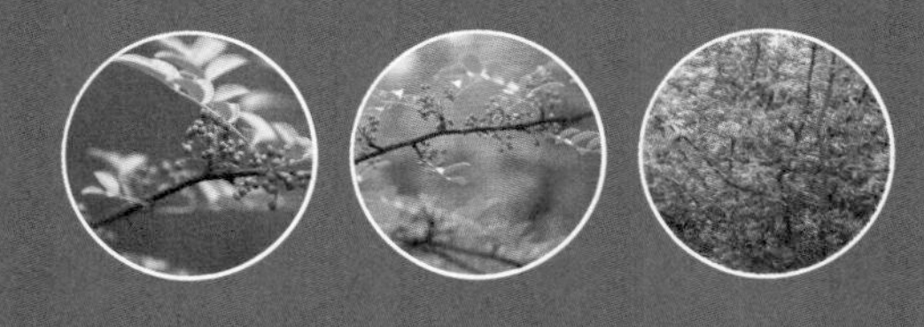

一、花椒整形修剪的意义

我国是花椒的原产地，有悠久的花椒种植历史，在古代和近代，花椒基本上不进行整形修剪，即使是现代，也有部分花椒不进行整形修剪，放任其生长，形成放任树形（图 6-1）。不进行整形修剪的结果，一是枝条杂乱，主次不清，无数枝条从根部冒出，但枝条上只挂少量的果实，或者都是不结果的徒长枝。二是植株高矮不一，大小不均，生长很不整齐，不能实施统一的管理。三是枝条密生，内部郁闭，树冠内部光照严重不足，叶片光合作用弱，植株积累的营养少，而且还滋生各种病虫害。四是产量低，品质差。放任生长的花椒植株，其结果部位向上移（图 6-2）、向外移，开花坐果少，且落花、落果严重，果实产量低、品质差。五是采收困难，放任生长的结果枝又长又乱（图 6-3），采收起来很麻烦，果穗小，重量轻，不采收会浪费，全部采收则需要花很多时间，增加人工成本。六是浪费土地，效益太低。放任生长的花椒植株，其枝条向四周延伸，占据了较多的土地面积，而效益却不尽如人意。房前屋后零星种植的花椒不做整形修剪无关痛痒，但是规模种植不进行整形修剪就会带来较大的经济损失。所以，要对花椒植株的生长进行人工干预，使其长成想要的树形，按照要求分布枝条、开花结果。

图 6-1　不整形的放任树形

整形和修剪是两个概念。整形就是将花椒植株整成一定的形状和结构的过程。整形主要在幼树阶段进行，其目的就是要在幼树阶段培育出形状合适、结构合理的树形，为以后的管理和采收打好基础。花椒整形的首要目的是高产稳产。适宜的树形是高产稳产的基本保障，经过合理整形的花椒植株产量至少是放任树形花椒植株的 2~3 倍，经济寿命是放任树形花

图 6-2　结果部位向上移

图 6-3　结果枝又长又乱

椒植株的 1.5~2 倍，因此要提高花椒种植效益就必须进行适当整形。花椒整形还有一个目的：花椒皮刺多，即使是无刺花椒也不是完全无刺，只是皮刺比较少而已，因此必须通过整形，把树冠控制在适当的范围内，否则以后修剪、打药、采收会很麻烦。特别是采收，现在还没有研发出花椒采收机械，全部要靠人工采收，如果不整形，冠幅太大，枝条太密太乱，会影响采收进度。花椒采收困难是影响产业发展的最大问题，采收的人工费占到花椒产值的 1/3 以上。要解决这个问题，一方面可以推广无刺花椒种植；另一方面就是强化整形，以方便采收，提高采收效率，降低采收的人工费用。

修剪是对枝、芽、花等器官进行人工修整和剪截的过程。修剪的目的是在整形的基础上培育、管理、更新枝条和其他器官，调节生长与结果的关系，以实现高产稳产、节本增效的既定目标。整形是前提和基础，修剪是在整形基础上的继续和巩固，二者是密切联系、相辅相成的。如果不整形，或者没有目标树形，修剪就失去了方向，不知道应该怎样修剪。如果仅整形而不继续进行后续的修剪，那么树形很快就会变得杂乱。

花椒种植后需要终生修剪，只要想在花椒种植上获得产量和效益，就要每年在适当的时候进行修剪（图 6-4）。幼树需要进行以整形为目的的修剪，如短截、疏剪、回缩、长放、抹芽、摘心、压枝、断尖等手法，经过 3~4 年的修剪，使其长成预先设计的目标树形。幼树挂果后，要继续采用多种修剪手法培育骨干枝，并在骨干枝上培育结果枝组，促进营养生长和生殖生长的均衡发展。定植 5~6 年进入盛果期后，要通过修剪促进花椒植株持续高产稳产，提高产品品质，延长经济寿命，防止植株早衰。植株开始出现衰老迹象后，要通过修剪，促进植株更新复壮，恢复生产能力。

图 6-4　花椒修剪

整形修剪、肥水管理和病虫害防治是花椒栽培管理的三个重要技术环节。整形修剪很重要，但并不是唯一重要的技术环节，它必须和肥水管理、病虫害防治相结合才能达到预期的效果。一方面，种植者要克服修剪无用论，即认为修剪对提高产量和品质没有多大关系；另一方面，又要纠正修剪万能论，即认为修剪可以解决生产上的所有问题，这都是不正确的。花椒皮刺多，修剪很辛苦，所以种植者不仅要做到科学修剪、合理修剪，而且还要尽量简化修剪，避免盲目修剪。

二、花椒常见树形

果树的树形很多，但是花椒植株与其他果树不同，它最大的特点就是多刺，管理不方便，因此在选择树形时，不仅要考虑优质高产，而且还要考虑方便管理，提高劳动效率，适宜规模化种植。目前花椒植株的常见树形主要有以下几种。

1. 自然开心形

现在果树发展的大趋势是矮化密植。矮化密植结果早、易管理、生产成本低，自然开心形（图 6-5~ 图 6-7）是花椒植株矮化密植最适宜的树形，因此目前新发展的花椒植株大多是自然开心形。自然开心形主干高 40~50 厘米，在主干顶端分生 2~4 个主枝，无中心干，每个主枝有 3~5 个侧枝，主枝开张角度为 50~60 度，腰角和梢角可以大一些。主枝直线延伸，扩大冠幅。在

图 6-5　两主枝自然开心形

图 6-6　三主枝自然开心形

图 6-7　四主枝自然开心形

主枝上适当选留侧枝。结果枝组着生于骨干枝（主枝或侧枝）上。花椒植株干性不强，自然开心形树形不仅骨架稳固、光照良好、立体结果，而且修剪、喷药、采收等农事活动操作起来要方便得多，适宜规模种植花椒园采用。

2. 多主枝丛状形

多主枝丛状形（图 6-8）在花椒传统种植区比较多，这是根据花椒植株具有灌木生长特性而设计的树形，植株无主干或者主干短小，有主枝 3~5 个，主枝长到 1 米以上时，适当进行轻短截，促使分生小枝，培育成结果枝组，构成丰满的树冠。这种树形的特点是整形修剪工作量不大，适于土壤干旱瘠薄的地方采用。该树形投产时间较早，产量比较稳定，但由于主枝多、侧枝多，如果不加以修剪控制，就会与放任树形一样，枝条拥挤，树形紊乱；该树形一般比较高大，管理和采收不方便。

图 6-8　多主枝丛状形

3. 放任树形

不做任何修剪的树形就是放任树形（图 6-9）。由于种植者对修剪技术还不够了解，对整形修剪的意义认识不够，加之花椒多刺，修剪很麻烦，所以不愿意修剪而形成放任树形。

图 6-9　成年树放任树形

另外，农家零星栽植（图 6-10），以及用花椒作围篱（图 6-11），因为栽培目的不同，所以可以不做整形修剪而使其成为放任树形。

图 6-10　农家零星栽植的放任树形花椒

图 6-11　用花椒作围篱

三、花椒整形修剪的方法

1. 短截

剪去 1 年生枝的一部分叫作短截。花椒 1 年生枝是指新梢在落叶后到第 2 年萌芽（4~5 月）前的枝条。短截是花椒植株修剪的重要方法，它的作用主要是刺激剪口附近的芽萌发抽枝。植株枝条短截以后，养分输送就会在剪口位置停滞并富集，促使剪口附近的侧芽萌发生长。一般在促发骨干枝的延长枝时采用此方法。一般剪口下的芽越壮发生的新枝条就越旺，种植者采取这种方法来促进枝条延伸，加快形成丰产的树冠和树形。枝条剪口下第 1 个芽对短截的刺激最敏感，芽距离剪口越远受到的刺激越小。具体情况随短截程度不同而异，一般来说，截去的枝条越长，发生的新枝越旺盛。根据短截的程度，可以分为轻短截（图 6-12），即剪去枝条的一小部分；中短截（图 6-13），即在枝条中上部分的饱满芽处短截；重短截（图 6-14），即在枝条中下部短截。

图 6-12　轻短截

图 6-13　中短截

图 6-14　重短截

2. 疏剪

疏剪（图 6-15）也叫疏枝、疏删，即把枝条从基部剪除的修剪方法。花椒植株的干枯枝、衰弱枝、病虫枝、徒长枝、密生枝、过时的辅养枝等，要进行彻底疏剪，不能留桩，以免重新萌发枝条。如果基部发现有新芽萌发，要及时抹除，勿使其形成新的无用枝条，避免浪费养分，挤占空间。

图 6-15 疏剪

3. 回缩

回缩（图 6-16）又叫缩剪，即在多年生枝的适当部位留 1 个分枝，将上部剪去，多用于控制辅养枝和把门侧枝、培育结果枝组、多年生枝换头及老树更新等。回缩可以降低先端优

图 6-16 回缩

势的位置，改变延长枝的方向，改善通风透光条件，控制冠幅。回缩的对象是多年生枝，由于多年生枝抽生新梢的能力弱，因此前端修剪以后，不会再抽发新枝，进而达到回缩的目的；而短截则不同，短截的对象是1年生枝，其抽发新枝的能力强，枝条前端修剪以后就会抽发新梢。

4. 长放

长放又叫缓放、甩放，指对生长中庸的1年生枝不做任何修剪的一种技术措施。此方法能缓和植株长势，促进生成中、短枝和叶丛枝，形成花芽结果。长放是果树修剪中常用的手法，在花椒植株修剪过程中也经常使用。

5. 抹芽

人工把多余的萌芽及时除去的方法称为抹芽（图6-17）。花椒不论是幼树还是成年树，其枝条的每一个节点都有叶芽或混合芽，如果让这些芽全部萌发出来并生长发育为枝梢，那么主枝和结果枝的生长空间和养分就会被挤占。为了让主枝和结果枝得到充足的养分和光照，必须在4~5月及时抹除花椒植株上的过密芽、并生芽和背上芽，以减少不必要的营养消耗。此方法的目的是节约养分，促使骨干枝生长健旺，改善通风透光条件，减少病虫害。

图6-17 抹芽

6. 摘心

在植株新梢生长期间摘去旺盛新梢尖端的一部分叫作摘心（图6-18）。摘心有抑制枝条延长生长，使枝条结实健壮，节省养分，促进花芽分化，提高坐果率，改进花椒品质的作用。摘心和短截都是剪去植株的一部分，短截是针对已经木质化的一年生枝，而摘心是针对没有完全木质化的新梢。短截可以促发新芽、新枝的生长，而摘心主要是为了提高枝条自身的质量。

图6-18 摘心

7. 压枝

花椒结果枝抽发出来后，往往会向上直立生长，不利于枝条养分的供应和花芽的形成，种植者在冬季用木棒或竹竿等物压枝（图 6-19），可改变枝条的生长方向，提高坐果率。

8. 断尖

花椒结果枝坐果以后，剪去结果枝上部枝条称为断尖（图 6-20），断尖可以促进养分回流，改善结果枝下部的营养状况，提高坐果质量。

图 6-19　压枝

图 6-20　断尖

四、花椒幼龄期整形修剪

花椒定植后的前 3 年基本上没有产量，此期为幼龄期。幼龄期的主要任务就是加强肥水管理，促进植株营养生长和树冠形成，通过整形修剪，形成事先设计的目标树形。

1. 自然开心形植株整形修剪

自然开心形适宜矮化密植，管理方便，产量高，品质优，因此一般选择自然开心形作为目标树形，要通过 3 年的整形修剪来实现这个目标树形。在这 3 年中，每一年修剪重点不一样，要求第 1 年定干，第 2 年定枝，第 3 年定形。

定植第 1 年，在花椒幼苗定植后及时定干（图 6-21）。定干高度决定以后主干的高度，一般为 40~50 厘米，要求剪口下 10 厘米以内保留 5~6 个枝条或饱满芽，其余芽全部抹除。在预设的主枝抽梢 40~50 厘米以后，可以采取摘心的方法，促进枝

图 6-21　定干

梢结实健壮，为第 2 年短截延伸做准备。定干的高度不要太高，不要超过 50 厘米，否则以后不好控制树形。提倡矮化栽培，首先就要限制主干高度，不能因为幼苗长得高就舍不得下剪。

定植第 2 年，先检查定干情况，如果上一年没有剪去多余的主干，主干还在继续向上长，那么就要先在 50 厘米的位置剪去多余主干，然后在剪口以下选留 3~4 个方位、角度合适的健壮枝条作为主枝培育（图 6-22）。要求角度基本均衡，3 个主枝的夹角大致为 120 度，4 个主枝的夹角大致为 90 度。花椒幼树的枝条不一定按照预先的设计生长，可以在今后的栽培过程中，采取多种修剪方法，尽量使其夹角达到要求，让各个枝条能够均衡得到生长空间。为了使枝条延长生长，要采取短截的方法，使主枝延伸生长。一般要求主枝剪留 40~50 厘米，剪口芽留外芽，剪口下第三芽留在第一侧枝的位置。以后每年对主、侧枝进行相应培育，使主枝上着生 2~3 个侧枝。

定植第 3 年，有的花椒植株已经开始有少量花、果，要继续培植骨干枝，形成开花结果的枝条结构。花椒自然开心形植株的骨干枝包括主干、主枝、侧枝及大的辅养枝。在开春时，对主枝和侧枝饱满芽处进行短截，短截以后形成延长枝，当主枝延长头长到 60~70 厘米的时候进行摘心，以提高枝条质量，为及时进入开花结果阶段创造条件。第 3 年要求树冠基本成形（图 6-23），以后再用 2~3 年的时间继续扩大冠幅，同时逐步增加产量，直至盛果期。

图 6-22　选留健壮枝条作为主枝

图 6-23　树冠基本成形

2. 多主枝丛状形植株整形修剪

多主枝丛状形种植简单，结果时间比自然开心形早，单株产量高，因此在很多地方采用这种树形。这种树形主干短小或者无主干，有主枝 4~5 个，植株一般高 2~3 米，主枝上保留 3~4 个侧枝，结果枝着生在一级侧枝和二级侧枝上。树形开张，坐果分散。植株高大，冠幅大，因此不适宜矮化密植，管理和采收没有自然开心形方便。多主枝丛状形和自然开心形一样，幼龄期要求第 1 年定干、第 2 年定枝、第 3 年定形。

定植第 1 年，在花椒幼苗定植后及时定干，高度为 30~50 厘米。现在很多种植者按照一般绿化树的标准来栽植花椒，不定干，导致后期树形过于高大、凌乱，管理起来很不方便，因此要求在高 30~50 厘米处下剪（图 6-24），剪口以下设计抽出 4~5 个主枝。

图 6-24　在高 30~50 厘米处下剪定干

定植第 2 年，选留 4~5 个方位、角度合适的健壮枝条作为主枝培育，要求角度基本均衡。要采取短截的方法，使主枝延伸生长（图 6-25）。一般要求主枝剪留 80~100 厘米，剪口芽留外芽，剪口下第三芽留在第一侧枝的位置，要求主枝上着生 2~3 个侧枝。

定植第 3 年，主要任务是提高主枝的生长质量，促进主枝延长枝斜向生长。在开春时，对主枝进行回缩修剪，压低树冠高度并选留外芽（图 6-26），促进延长枝斜向延伸而不是直接向上延伸，否则以后树冠向上长得太快，给管理和采收都带来麻烦。在秋后适当修剪并生的主枝，以改善植株中间的光照和养分供给条件。

图 6-25　短截促使主枝延伸生长

图 6-26　回缩修剪，压低树冠高度

五、花椒初果期整形修剪

花椒从定植第 3 年开始初结果，在正常管理情况下，一般在第 6 年进入盛果期。这期间植株由原来的营养生长为主转化为营养生长和生殖生长同时存在，并相互影响、相互竞争。进入初果期后的主要任务，一方面要进行肥水管理和病虫害防治，逐步提高花椒产量；另一方面要继续对花椒植株进行必要的修剪。

1. 培育骨干枝

花椒进入初结果期后，仍然要继续加强对骨干枝的培育。在冬季或早春，采取短截延长枝选留外芽的方法，促进骨干枝继续斜向延长生长，以实现丰满树形、优化结构的目标。要求骨干枝能够均衡生长（图 6-27 和图 6-28），这里的均衡生长包括两个方面，第一，层级要明确，要求主干大于主枝，主枝大于侧枝，侧枝大于结果枝。层级不可以混乱，否则养分输送就会出现紊乱，树冠奇形怪状，导致产量和品质受影响。第二，各个主枝之间要均衡生长，不能使有的主枝长势强旺，有的主枝长势较弱。对于长势强旺的主枝要适当回缩修剪，对于长势弱的主枝，可少疏枝、多短截，增加枝条总量。

图 6-27　自然开心形的主枝太短，造成结果枝拥挤，生长空间受限

现在花椒种植的普遍现象是进入初果期后，种植者比较重视结果枝的培育，忽略树冠的扩展，造成骨干枝短、细、弱，这对以后植株的持续高产稳产十分不利。因此，建议种植者要从长远效益出发，在注重当年产量的同时，继续重视骨干枝的培育。

图 6-28　多主枝丛状形的主枝太长，管理和采收都很不方便

2. 培育结果枝

花椒进入初果期后会自然形成很多结果枝，但有些品种的结果时间要迟一些，定植 3 年后花、果实仍然很少，或者产量不稳定。在这种情况下，可以在加强肥水管理的情况下进行适度修剪，以促进植株形成较多的结果枝，并能够使产量逐步稳定增加。培育结果枝有以下几种方法。

（1）先缓放后回缩　对适宜的 1 年生中庸的平斜枝和下垂枝先缓放，让其自然延伸，并缓放出一系列的果穗（图 6-29），采收之后再在其下部分枝条处进行回缩，以促进后部新枝的萌发和生长，为第 2 年结果打好基础。

图 6-29　1 年生平斜枝缓放出果穗

（2）先纠后放再回缩　对于长势比较强旺的直立枝，可以先通过弯曲和造伤的方法纠正枝条的生长姿势，使枝条呈平斜或下垂状态；然后再缓放，缓放以后可以甩出果穗（图 6-30）；再逐步进行回缩，以促进其他部位新梢的萌发和生长。

图 6-30　纠正直立枝的生长姿势可以形成花果

（3）先短截后回缩　对于姿势比较直立的中强枝，也可以不纠正它的生长姿势，而是培植它的平斜侧枝。中强枝短截之后，枝条侧芽就会分生出很多侧枝，去除直立的侧枝，留下平斜生长的侧枝，然后回缩到下部生长角度比较平斜的弱枝处（图 6-31），使留下的平斜枝实现成花结果。

图 6-31　平斜侧枝先短截后回缩

3. 以采代剪

前面介绍的结果枝修剪培育的方法，是在传统栽培技术基础上总结出来的，这些方法对提高结果枝的数量和质量有明显的效果，但在生产实践中，这些修剪方法需要消耗大量的劳动力，而且对修剪技术的要求高，如果种植规模大，采取这种精细修剪的方法就需要消耗更多的时间和精力。现在，以采代剪的修剪方式正在青花椒种植区推行，把复杂的修剪方法简化，并且与花椒采收合并到一起，这种方法的全称为“整枝剪截，以采代剪”。具体的方法是采收和采后修剪同时进行，在主枝上直接培植结果枝，果实成熟时在结果枝下部 10 厘米处下剪，将整个结果枝剪下来，然后搬离到园区外面进行处理。在整枝剪截结果枝的同时，对植株的徒长枝、密生枝、病虫枝及夏梢进行疏剪（图 6-32 和图 6-33）。

图 6-32 整枝剪截下有若干果穗的结果枝

图 6-33 疏剪徒长枝、密生枝、病虫枝及夏梢

“整枝剪截，以采代剪”将采收和修剪一并进行，不仅大幅度提高了采收效率，而且也是对花椒植株的一次合理有效的全面修剪（图 6-34）。以采代剪后，在主枝上会长出新梢（图 6-35），成为第 2 年的结果枝。此时要对新梢进行整理，根据树龄、立地条件及品种特性选留结果枝，一般 4~6 年树龄的植株选留 50~60 个结果枝。确定第 2 年的结果枝数量以后，要对多余的细弱枝条进行疏剪，并将疏剪枝条转移到园外处理（图 6-36），然后对选留的枝条摘心，以提高枝条质量，为第 2 年的成花结果创造条件。根据多年、多点调查对比，以采代剪比传统修剪促发的结果枝更多，形成的果穗更大，千粒重更重，产量更高，品质更好。这是因为以采代剪修剪的程度和范围比传统修剪更彻底，因此修剪的效果更好。在这里需要补充的是，尽管对青花椒植株进行了“整枝剪截，以采代剪”，但是它要维持的树形仍然是自然开心形，目标树形并没有改变。以采代剪一般采用电剪（图 6-37），速度快，劳动强度远低于人工采收，采收以后利用室内设施集中烘干，机械化分离、筛选处理，大大提高了修

图 6-34 “整枝剪截，以采代剪”以后青花椒植株的情形

图 6-35 以采代剪后抽发出来的新梢

图 6-36　将疏剪枝条转移到园外处理

图 6-37　用电剪进行整枝剪截

剪和采收的效率，降低了人工成本，是花椒种植业规模化发展的一个方向。

六、花椒盛果期整形修剪

花椒进入盛果期的标志是树形已稳定，树体结构优化，骨干枝上的结果枝均衡分布，产量达到该品种的最好水平。在正常的管理水平下，花椒一般定植 6 年后进入盛果期（图 6-38）；如果管理水平高，或者品种具有优良的特性，花椒可能提前进入盛果期；但是如果长期管理不善，甚至放弃管理，那么花椒植株不会自动进入盛果期，而会在低产水平上徘徊，或者直接进入衰老期。盛果期修剪的主要任务是加强肥水管理和病虫害防治等农艺措施，尽力使植株维持高产稳产状态，延长其经济寿命，延迟进入衰老期。

图 6-38　花椒盛果期

1. 骨干枝修剪

图 6-39 矮化密植园树冠开始密接，需要对过度延伸的骨干枝进行回缩

骨干枝是维持树形、形成产量的基础，在盛果期前期，基本上不会发生大的变化，因此只对其进行维持性修剪即可。对骨干枝上抽生出的徒长枝、并生枝、密生枝、严重的病虫枝等进行疏剪，不让这些枝条影响骨干枝生长，而对骨干枝本身尽量少做修剪。在盛果期后期，要注意控制矮化密植园骨干枝的过度延伸（图 6-39），避免造成植株之间枝条交叉（图 6-40），妨碍作业人员行间行走。对骨干枝回缩，不仅可以控制树冠，而且可以使结果母枝更新复壮，继续维持稳定的产量水平。对于较为高大的多主枝丛状形植株，要通过对骨干枝适当回缩，控制其树冠高度，防止其结果的主要部位不断上移（图 6-41）。

图 6-40 植株之间枝条交叉，需要进行回缩

图 6-41 高大的多主枝丛状形植株结果的主要部位上移，需要适当回缩

2. 结果枝修剪

图 6-42 青花椒采收后新发出的结果枝

盛果期花椒植株生殖生长达到顶峰，整株都是结果枝，此期的修剪任务不是增加结果枝的数量，而是适当疏除弱小结果枝，选留强壮结果枝（图 6-42）。在果实采收后的秋季，对预留的结果枝进行摘心，以改善结果枝的养分供给状况，提高结果枝的质量，

有利于形成优质大穗的结果枝（图 6-43）。第 2 年坐果以后要对结果枝进行断尖，去掉结果枝上的空枝部分（图 6-44），以改善结果枝的养分供给水平和生长空间，提高花椒果实的质量。

图 6-43　形成优质大穗的结果枝

图 6-44　去掉结果枝上的空枝部分

七、花椒衰老期更新修剪

与常绿植株相比，花椒植株的经济寿命比较短，很容易衰老。花椒植株衰老的主要表现是树皮变厚、开裂，树势衰弱，产量和品质逐渐下降，病虫危害加重，部分骨干枝干枯。在更新改造之前，种植者需要对花椒植株的衰老程度做出评估，如果产量还能够保持盛果期平均产量的 70%，为轻度衰老植株（图 6-45）；如果产量只有盛果期平均产量的 50%，为中度衰老植株（图 6-46）；如果产量只有盛果期平均产量的 30%，为重度衰老植株（图 6-47）。

图 6-45　轻度衰老植株

图 6-46　中度衰老植株

图 6-47　重度衰老植株

花椒植株出现衰老迹象，一方面是树龄长形成的自然老化，另一方面是管理不善，因此在进行更新修剪的同时必须加强肥水管理和病虫害防治，采取综合措施才能奏效。对于轻度衰老植株，要及时对下垂的骨干枝的枝端进行更新修剪，在健壮分枝处回缩，培育成新的结果母枝。对于中度衰老植株，要分期、分批更新衰老的主、侧枝，分段、分期进行回缩修剪；回缩修剪长出来的新枝再进行短截，促发形成新的骨干枝。对于重度衰老植株，最好是将其淘汰，挖出以后改植新的花椒幼树，或改种其他作物。

八、花椒放任树形改造

花椒多刺，修剪起来很麻烦，如果种植者不懂修剪，或者因为其他原因没有坚持在幼龄期进行整形修剪，放任植株自由生长，就会导致花椒植株长成放任树形（图6-48和图6-49）。放任树形植株充分表现出了花椒的灌木特征，很多枝条从主干或者根部抽出，形成丛状树形。这种树形由于枝条杂乱，直立枝、徒长枝多，病虫害严重，内部光照严重不足，导致结果部位外移，花多、果少，产量低、品质差，因此需要通过修剪对放任树形植株进行改造。

图 6-48　幼龄期放弃管理形成的放任树形

图 6-49　投产以后放弃管理形成的放任树形

比较而言，放任树形植株比衰老植株更有改造价值。因为放任树形植株只是没有按照要求进行生长，但是它的养分积累、长势和其他树形差不多。如果种植者根据植株的实际情况，将放任树形改造成为多主枝丛状形或自然开心形，就可以逐步提高植株的产量。具体方法是先选留 4~5 个不同方向的健壮枝条作为以后的骨干枝来培育，其余枝条疏除或者回缩，特别是过密枝、病虫枝、徒长枝等，要先行疏除，以改善内部的光照条件和营养条件。选留下来作为骨干枝的枝条，要在适当部位进行回缩，培育出健壮的侧枝，为以后形成结果枝组打下基础。放任树形植株可以通过 2~3 年时间逐步改造，不可以操之过急，每次修剪的程度不要太重，因为放任树形植株本身还有一定的产量，如果修剪过重，有可能会影响好几年的产量，甚至导致早衰。

CHAPTER 07

第七章 花椒园地肥水管理

花椒园地土壤是花椒生长发育的基础条件，土壤的理化性质和土壤肥力对花椒产量有直接影响。园地肥水管理是花椒栽培的重要环节，是花椒高产稳产的必备条件。因此种植者应做好园区土壤管理和肥水供给，以促进花椒植株健壮生长。

一、园地管理

1．控制杂草

控制园地杂草（图 7-1）是每一个种植者都感到非常难办的问题，一旦放松管理，很容易发生草荒，茂盛的杂草可能把整个园地覆盖，与花椒植株争光、争水、争肥，导致花椒生长空间受到影响，而且田间管理也会因为杂草蔓延而受到很大的限制。当然杂草也不全是负面的作用，根据研究，园地适度生草在一定程度上有利于土壤保水、保肥，保护有益生物，促进园地土壤熟化，营造适宜的园地小气候，改善园地的生态环境条件。因此种植者对杂草的要求是控制而不是消灭，因为彻底消灭杂草，不仅会大幅度增加成本，而且园地土壤裸露会造成新的问题，如不耐高温干旱、对低温冻害的抵抗能力降低、病虫的天敌减少等。因此种植者应该允许花椒园地保留一定的杂草，只要限制它的密度和高度就可以了。一般一个季度除一次草，就可以达到控制杂草的目的。除草的方法包括化学除草（图 7-2）和物理除草两种类型，物理除草又分人工除草和机械除草（图 7-3），只要求刈割杂草的地上部分，不一定要斩草除根，这样除草的进度会快得多，还可以节约大量成本。

图 7-1　控制园地杂草

图 7-2　化学除草

图 7-3　机械除草

2. 树盘覆盖

花椒树盘覆盖有保温、保湿和控制杂草的多种作用，不论是花椒幼树还是成年树，覆盖之后都有利于植株生长发育，而且效果十分明显，因此只要条件允许，要尽量进行覆盖栽培。覆盖的方式很多，大致有两种类型，一种是覆盖地膜、地布等工业产品；另外一种是覆盖稻草（图 7-4）、秸秆（图 7-5）、甘薯藤（图 7-6）、绿肥、杂草等。地膜覆盖一般采用黑色地膜，既可以保温、保湿，又可以起到抑制杂草的作用。白色地膜透光，抑制杂草的效果差一些。现在流行用塑料地布，效果更好，保温、保湿、抑制杂草三种功效都很明显，尽管成本高，但是使用的时间更长，适宜规模发展花椒的园地采用。秸秆覆盖是一种非常好的覆盖方式，它不仅可以保温、保湿、抑制杂草，而且秸秆腐烂以后还可以还田增肥，改善花椒园地土壤的理化性质，增加土壤有机质。目前花椒种植土壤有机质含量普遍较低，秸秆覆盖还可以增加土壤有机质，取得一举多得的效果。

图 7-4　覆盖稻草

图 7-5　覆盖玉米秸秆

图 7-6　覆盖甘薯藤

3. 园地间作

花椒幼树定植以后占地面积很小，有大量的空地可以利用，而且幼树定植 3 年以后才有收益，因此应利用幼树定植后的行间空地种植部分低矮作物（图 7-7~ 图 7-9），以弥补部分收益。作物要求在距离幼树 0.5 米远的地方种植，不可以影响幼树的生长。有人认为花椒园地间作农作物会与花椒幼树争光、争肥，相当于田间杂草，这种认识是不正确的，因为间作农作物要进行翻耕，还要给农作物施肥灌水，这些农事活动会使花椒植株受益，而种植者是不可能给园地杂草补充肥水的，因此间作农作物的效果远优于杂草。

图 7-7　行间种植青菜

图 7-8　行间种植蚕豆

图 7-9　行间种植马铃薯

二、合理施肥

施肥是补充花椒植株养分的主要途径，是管理的重要环节。花椒栽培技术措施的核心和着力点就是养分的供应、传输和均衡利用。保证肥料充分和均衡的供应，是确保幼树健壮生长和成年树高产稳产的重要措施。

1．施肥种类

（1）有机肥　有机肥俗称农家肥，主要包括人畜粪、饼肥、堆肥、沤肥、厩肥、沼肥、绿肥等。有机肥是缓效肥料，不仅含有植物必需的大量元素和微量元素，还含有丰富的有机物质，是养分最全面的肥料。有机肥在花椒种植过程中的作用有以下几点。一是改良土壤、培肥地力。施用有机肥后（图 7-10），有机质能有效地改善土壤理化性质和生物特性，熟化土壤，增强土壤的保肥供肥能力和缓冲能力，可以为花椒植株生长创造良好的土壤条件。二是增加产量，提高品质。有机肥含有丰富的有机质和各种营养元素，可为花椒植株提供营养。有机肥腐解后，可为土壤微生物活动提供养料，促进微生物活动，加速有机质分解，产生的活性物质能促进花椒植株的生长。三是提高肥料的利用率。有机肥的养分丰富，但相对含量低，释放缓慢，而化肥单位养分含量高，释放快。有机肥与化肥相互促进，有利于作物吸收利用。但是，有机肥的缺点就是运输和使用很不方便，体积大，施用需要消耗大量的劳动力。

图 7-10　施用有机肥

（2）化肥　化肥肥力强，见效快，体积小，运送和施用方便，而且可以针对土壤养分的缺失情况进行配给，作物可以得到全面、充分的养分补给。它的缺点是长期使用容易导致土壤板结，土壤生态变差，因此化肥必须和有机肥配合使用。下面分别介绍氮肥、磷肥、钾肥、钙肥在花椒栽培上的作用。

1）氮肥。氮肥有助于促进花椒枝叶生长旺盛，枝条健壮，叶片肥大色深（图 7-11）。在实际生产中，叶片色泽是否深可作为判断植株是否缺氮的标志。另外，氮肥可延缓植株衰

图 7-11　叶片肥大色深

老，提高叶片光合作用，增加有机营养积累，促进花芽形成。

2）磷肥。磷肥能提高花椒根系的吸收能力，有利于新根发育、新梢生长，可增强花椒抗寒、抗旱能力，并能促进花芽分化，促使开花结果，提高结果率，促进果实发育、籽粒饱满，增加产量，改善品质。需要注意的是，磷肥移动性差，必须开沟施（图 7-12），才能被根系吸收利用。

3）钾肥。钾肥能增强花椒植株的抗逆性，使花椒植株生长健壮、枝条粗壮，促进光合作用，增加果实千粒重和提高产量（图 7-13），增强植株抗逆的能力。

4）钙肥。花椒对常量元素的需求以钙为最大，叶片中钙含量是氮含量的 1.62~1.75 倍。钙在花椒植株内起着平衡生理

图 7-12　开沟施磷肥

图 7-13　钾肥促进花椒壮果增重，提高产量

活动的作用（图 7-14），使土壤溶液达到离子平衡，加强植株对氮、磷的吸收。钙能促进原生质胶体凝聚，降低水合度，使原生质黏性增大，有利于增强花椒植株抗旱、抗热能力。

图 7-14 钙肥促进花椒植株均衡生长

花椒植株还需要不少微量元素，包括铁、硼、锌、锰、铜、钼、氯、镍等，这些微量元素对花椒营养生长和生殖生长有明显的促进作用，在花椒开始结果以后，要注意根据生长情况，适时、适量施用微量元素，促进养分平衡供应，使花椒植株健壮生长。

2. 各生长阶段的施肥要求

（1）定植施肥 花椒定植以后长期不能移动，因此施肥方式与一、二年生农作物有很大的不同，要求在定植时施大量底肥。栽植的方式有两种，一种是在平地栽植，整地之前在土壤表面每亩撒施 500~1000 千克有机肥、50~100 千克磷肥，然后进行机械翻耕或人工翻耕，翻耕以后再开沟做畦，然后在畦上栽植花椒幼树。另一种是在丘陵或者山区进行挖穴栽植，每穴的底部施 10 千克有机肥、1 千克磷肥，然后覆盖 20 厘米厚的熟土，再在熟土上定植幼树。

（2）幼树施肥 花椒定植后前 3 年应以施氮肥和有机肥（图 7-15）为主，要根据幼树的生长情况和土壤的干旱情况，每 1~2 个月施肥 1 次，每次每亩施清粪水 500 千克、尿素 3~4 千克。第 3 年要准备结果，因此每次施肥可以再增施复合肥 15 千克。

图 7-15 花椒幼树施有机肥

（3）成年树施肥 成年树施肥分为基肥和追肥。

花椒施用基肥的时间以秋季效果为好。秋施基肥，正值花椒植株根系第三次生长高峰，伤根容易愈合，切断一些细小根，可很快发出新根。秋季花椒地上部新生器官已逐渐停止生长，植株吸收和制造的营养物质以积累贮备为主，此时施肥可提高植株的贮藏营养水平和细胞液浓度，有利于提高花椒植株的越冬抗寒能力，第 2 年植株萌芽、开花和抽生新梢时间早。基肥以有机肥为主（图 7-16），再配合适量的速效化肥。基肥施用量应占当年施肥总量的 70%以上。土壤有机质含量及品质是评价土壤供肥能力的重要依据。目前花椒种植园地的土壤有机质含量普遍偏低，而施用有机肥是增加土壤有机质的主要途径。为此，要求成年树每年每亩施有机肥 800~1000 千克、复合肥 30~50 千克、磷肥 30~50 千克，以后再根据花椒植株的生长情况，适时、适量追肥。

图 7-16　基肥要尽量多施有机肥

适时追肥可以补充花椒植株短期营养不足。追肥一般使用清粪水和速效化肥配合施入，以满足花椒生长发育的需要。追肥次数和时期与花椒品种、树龄、气候、土质等因素有关。

1）花前追肥（也叫春肥，见图 7-17）。开春以后第一次追肥称为花前追肥，此时花椒植株萌芽开花消耗大量营养物质，但早春土温较低，吸收根发生较少，吸收能力也较弱，主要消耗植株贮藏的养分。若此时植株营养水平较低，氮肥供应不足，则易导致大量落花、落果，影响营养生长，对植株生长不利。此时要结合抗旱补充水分，每亩施清粪水 500 千克、复合肥 50 千克。

图 7-17　花前追肥

2）坐果追肥（也叫夏肥，见图7-18）。夏季是花椒植株需肥较多的时期，幼果和新梢迅速生长都需要大量养分支持。此时追肥可促进幼果和新梢迅速生长，扩大叶面积，提高光合作用，有利于糖类和蛋白质的形成，减少生理落果。此时每亩施清粪水500千克、复合肥30~50千克。

图7-18　坐果追肥

3. 施肥方法

零星种植花椒，种植者可不在意施肥方法，但是如果进行规模种植，施肥方法就直接涉及施肥的效果和成本，最后影响经济效益，所以应当认真研究和对待。现在常用的施肥方法是在土壤表面撒施，这种方法速度快、不费力，但是肥料吸收利用率低，挥发浪费严重。对于花椒种植者来说，总是希望找到一种效率高、效果好的施肥方法，但往往是效率高的不一定效果好，效果好的有可能成本高。下面介绍花椒园地的施肥方法，种植者可以根据自身的实际情况选择。

（1）肥水一体化滴灌系统（图7-19）　肥水一体化滴灌系统是指施肥与灌溉融为一体的农业新技术。该技术是借助压力系统，将可溶性肥料或液体肥料与灌溉水融在一起，通过管道系统进行施肥供水。该技术的优点是施肥速度快，养分利用率高。肥水一体化滴灌系统是目前最好、最快的施肥方式，可以节约大量劳动力，但安装成本比较高，平均每亩需要1200~1500元的建造设施和购置设备材料费，而且对水源和肥料也有一定的要求。

（2）简易灌溉式施肥（图7-20）　简易灌溉式施肥是在花椒园地附近的池子或者容器中，把固体的冲施复合肥溶于水，用水泵通过普通塑料软管输送到植株附近土壤。这种方式不需要建设设施，而是采用水泵做动力，用人工移动水管的方式进行施肥，所以成本比建立肥水一体化滴灌系统要低得多，而且效率高，效果好。

图7-19　肥水一体化滴灌系统

图7-20　简易灌溉式施肥

（3）**开穴开沟施肥**（图 7-21）研究表明，在目前的园地管理水平下，植株对化肥的利用率为氮肥 30%~60%、磷肥 10%~25%、钾肥 40%~70%。这些数据说明，园地施肥利用率差异很大，这主要是施肥方法不同导致的。开穴开沟施肥是提高肥料利用率的最有效方式，开穴施肥是在树冠投影的四个方向各挖 1 个穴，穴深 20 厘米、宽 20 厘米，施肥后覆土。

图 7-21　开穴开沟施肥

开沟施肥的方法主要有开环状沟（图 7-22）和条沟（图 7-23）两种。要求沟深 20 厘米、宽 20 厘米，施有机肥和化肥后覆土。花椒主要依靠根系末端的白色须根吸收养分。有很多种植者喜欢把肥料撒在树盘上，这样做是不行的。树盘是根系盘踞的地方，而白色须根在树盘之外。开沟施肥的主要目的是促进肥料与土壤充分接触，在水分的作用下融于土壤，减少肥料挥发浪费，提高肥料利用率。

图 7-22　环状沟

（4）**园地撒施**　现在园地施肥大都进行撒施，因为撒施速度快、效率高，特别是种植面积比较大的情况下，撒施更是普遍现象。尽管撒施的肥料利用率不如开沟开穴施肥，但是在劳动力成本较高的现实情况下，仍然有相当多的种植者进行园地撒施。为了提高园地撒施的效果，必须在降雨后撒施

图 7-23　条沟

（图 7-24），以借助雨水的下渗作用，让花椒根系吸收养分。如果没有降雨或者降雨量不大，就不要撒施肥料，否则根系无法吸收，造成很大的浪费。

图 7-24 雨后撒施肥料

三、水分管理

正确实施花椒园地水分调控与管理，满足其对水分的正常需求，是实现花椒丰产、稳产、优质、高效栽培的基本保证。花椒是比较耐旱的经济林木，降雨分布均匀的情况下，一般年降水量为 500 毫米就可满足需要，但是多数地区的降雨分布都是不均匀的，而且现在花椒园地多分布在丘陵和山地，保水能力较差，离水源较远，因此水分供应和管理是目前限制花椒健壮生长的重要因素，需要引起高度重视。

花椒与苹果、柑橘、葡萄等果树相比，对水分的需求量比较小，但是几个关键时期不能缺水。一是新梢生长和幼果形成期（图 7-25），此期花椒植株生理机能最旺盛，如果水分不足，叶片会吸取幼果中的水分，使幼果皱缩脱落。二是果实膨大期（图 7-26），此期既是果实迅速膨大的时期，也是第 2 年的花芽大量分化期，应保持适宜的土壤湿度，不但可以满足

图 7-25 幼果形成期

图 7-26　果实膨大期

果实膨大对水分的要求，而且可以促进花芽正常分化，为第 2 年的丰产创造条件。三是休眠期，休眠期尽管花椒植株的生理活动减缓或停滞，但是灌水有助于肥料的分解吸收，提高花椒植株越冬抗寒能力。

CHAPTER 08

第八章

花椒常见病虫害及冻害防治

花椒病害、虫害和冻害是花椒产量下降、品质下降的重要原因。据研究，目前危害花椒的虫害有 150 多种，病害有 30 多种。花椒冻害在南方和北方地区都有发生，由于发生具有不确定性，所以经常被忽视，造成比较严重的后果。

一、花椒病害

1. 根腐病

【病原】茄病镰刀菌。

【发病症状】花椒病根为黄褐色，呈水渍、水肿状，散发出臭味，根皮脱落，木质部呈黑色（图 8-1 和图 8-2）。发病植株枝条发育不全，叶片变小发黄，果实变小，严重时引起全株死亡。

图 8-1 幼树根腐病症状

图 8-2 成年树根腐病症状

【发生规律】不同树龄的植株均可发生，尤其是土壤黏结、透气性差、排水不良的根系环境发生严重。6~8 月的湿热、多雨天气是根腐病的发病盛期。

【防治方法】

1）翻耕土地，清沟排水，刨开根部附近的泥土，晾晒根部，保持花椒根部环境透气干燥。

2）化学防治。在发病初期及时将发病处刮净并进行“井”字形刻伤，再使用 20% 噻唑锌悬浮剂或 5% 菌毒清（辛氨乙甘酸溶液）水剂 40 毫升涂抹根部。4~5 月是防治的最佳时期，使用 40% 氟硅唑乳油 2000 倍液或 15% 三唑酮可湿性粉剂 600 倍液或 20% 噻菌铜悬浮剂 500 倍液环绕树周灌根，每株灌药液 1~2 千克，每 20 天灌 1 次，连续灌 4~5 次。

3）及时清除病根，挖除病死植株，带出椒园集中烧毁，消除侵染源，再用生石灰消毒根际土壤。

2. 锈病

【病原】花椒鞘锈菌。

【发病症状】发病初期椒叶正面出现水渍状褪绿斑，在病斑相对应的叶背出现圆形的橘黄色疱状物（夏孢子堆，见图 8-3），疱状物破裂后释放橘黄色粉状夏孢子。深秋叶背上附着圆形或长圆形的橙红色蜡状冬孢子堆。发病严重时，病斑扩散到整个叶片甚至叶柄（图 8-4），使叶片脱落而影响光合作用。

图 8-3　椒叶背面锈病发病初期症状

【发生规律】花椒锈病病原以夏孢子粉的形式随空气传播侵染叶片，4~6 月开始发病，7~10 月为发病盛期，高温、高湿天气易发病流行。

【防治方法】

1）冬季清除病枝、落叶，带出椒园烧毁消灭病原。在椒叶萌芽前 2 周喷洒石硫合剂。

2）化学防治。发病初期使用 25% 丙环唑乳油 1000~1500 倍液，或 15% 三唑酮可湿性粉剂 800~1200 倍液，或 10% 苯醚甲环唑水分散粒剂 1000 倍液，每隔 2~3 周喷施 1 次，连喷 2 次，雨后及时补喷。发病严重时，全株喷施 25% 三唑酮可湿性粉剂 1000 倍液，或 50% 退菌特可湿性粉剂 800 倍液，或 43% 戊唑醇悬浮剂 1500 倍液，或 43% 氟菌・肟菌酯悬浮剂 1500 倍液，每隔 10~15 天喷施 1 次，连喷 2 次。

图 8-4　锈病发病严重时的症状

3. 干腐病

【病原】赤霉菌、疫霉菌。

【发病症状】发病初期病处呈湿腐状，出现浅褐色斑，树皮凹陷有黄褐色流胶出现（图 8-5）；发病严重时病斑呈黑褐色、长椭圆形，剥开烂皮后有白色菌丝，后期病斑干缩、开

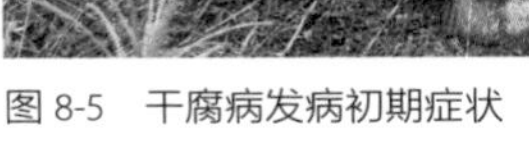

图 8-5　干腐病发病初期症状

裂，同时出现许多橘红色小点。病斑环绕树干 1 周后，整个植株很快干枯死亡。

【发生规律】主要发生在植株根颈处，是伴随着天牛、吉丁甲危害而发生的枝干病害。老病斑在 5 月初开始扩展，6~7 月产生分生孢子并借风雨或灌溉水传播，从虫害伤口侵入，7~8 月为发病盛期，直至 10 月气温下降时，病斑不再扩展。

【防治方法】

1）冬季及时刮净病斑并进行“井”字形刻伤后涂抹维生素 B_6 软膏、熟猪油，修剪病枝并集中烧毁。

2）加强苗木检疫，做好树干天牛、吉丁甲等虫害的防治，可用 90% 敌敌畏乳油 20 倍液喷洒树干，7 天后再喷施 70% 甲基硫菌灵可湿性粉剂 800 倍液。

3）对于发病较轻的树干，刮除病斑并进行“井”字形刻伤后，用 50% 甲基硫菌灵悬浮剂 500 倍液或 20% 噻菌铜悬浮剂 500 倍液涂抹。

4. 炭疽病

【病原】胶孢炭疽菌。

【发病症状】在发病初期，叶片表面产生褐色小点，呈不规则分布；后期病斑为圆形或近圆形，由褐色变为深褐色至黑色，病斑中央稍凹陷，呈轮纹状排列。果实发病初期会出现不规则褐色小斑点，随着病斑扩大，斑点会变成圆形或近似圆形；发病后期，病斑部位会有白色菌丝，之后形成褐色或者黑色的小粒点。

【发生规律】又称黑果病，主要危害花椒果实（图 8-6 和图 8-7），同时也危害叶片（图 8-8）和枝梢等。病原的分生孢子 1 年可多次侵染，借助风、雨、昆虫进行传播，从

图 8-6　炭疽病病果前期症状

图 8-7　炭疽病病果后期症状

图 8-8　炭疽病病叶症状

4 月开始发病，8 月为发病盛期，阴雨高湿条件下发病严重，造成大量枯梢、落叶和落果。

【防治方法】

1）冬季及时清除病叶、病果，刮除树干上的病斑，并喷 3 波美度石硫合剂。

2）化学防治。惊蛰前后喷施 50% 甲基硫菌灵悬浮剂 500 倍液或 3~5 波美度石硫合剂，5 月底喷施硫酸铜：生石灰：水为 1:1:200 的波尔多液，以后每 2~3 周再喷 1 次。发病初期，喷洒 40% 咪鲜 · 丙森锌悬浮剂 800 倍液，或 36% 戊唑 · 丙森锌悬浮剂 800 倍液，或 45% 甲硫 · 腈菌唑水分散粒剂 1000 倍液等，每隔 10~15 天喷施 1 次，连喷 2 次。发病盛期，喷洒 25% 吡唑醚菌酯可湿性粉剂 1000 倍液，或 3% 多抗霉素水剂 400 倍液，或 43% 氟菌 · 肟菌酯悬浮剂 1500 倍液，或 45% 咪鲜胺水乳剂 3000 倍液，每隔 7~10 天喷施 1 次，连喷 2 次。

5. 膏药病

【病原】隔担耳菌。

【发病症状】病原在花椒主干形成不规则棕色或白色厚膜状菌丝层，中部干缩龟裂，形似膏药紧贴树干（图 8-9）。

图 8-9 膏药病发病症状

【发生规律】该病与蚧壳虫危害有关，蚧壳虫的分泌物为病原提供营养，厚膜状菌丝层提供庇护场所保护蚧壳虫。病原孢子借助蚧壳虫的活动而蔓延传播，隐蔽潮湿及蚧壳虫危害严重的椒园发病严重。

【防治方法】

1）冬季或未萌芽前用石硫合剂涂白枝干。

2）刮除病处菌丝层，防止蚧壳虫发生。

3）喷洒 1.8% 阿维菌素乳油 2500 倍液，或 22.4% 螺虫乙酯悬浮剂 3000 倍液，或 35% 螺虫 · 噻虫嗪悬浮剂 1500 倍液杀灭蚧壳虫。

4）发病期间用 5~8 波美度石硫合剂或黄泥浆涂抹枝干。

二、花椒虫害

1. 天牛

天牛属鞘翅目天牛科昆虫，俗称钻木虫。

【危害特点】目前危害花椒的天牛有 10 余种，常见的有星天牛（图 8-10）。一般成虫危害较轻，幼虫危害较重。幼虫钻蛀花椒树干，潜居在树皮、木质部内，蛀道呈扁圆形（图 8-11），蛀道内流出粪便和黄褐色黏液，严重影响水分、养分的运输，导致树势衰弱，枝干枯萎，叶片黄化，影响花椒产量和品质。

图 8-10　星天牛

图 8-11　天牛蛀道

【发生规律】天牛成虫在 5 月羽化，7 月产卵于枝条表面、树皮裂缝深处。卵在 8~10 月孵化，幼虫在树干内越冬，第 2 年蛀干危害。

【防治方法】

1）在成虫羽化前对花椒树干进行涂白。

2）化学防治。在 5~7 月的晴天人工捕杀成虫，也可在羽化盛期喷洒 5% 高效氯氰菊酯乳油 1000~1500 倍液，或 40% 噻虫啉可湿性粉剂 1000 倍液，或 22% 噻虫・高氯氟悬浮剂 1000~1200 倍液，或 2.5% 溴氰菊酯乳油 1500 倍液。

3）用细铁丝顺着蛀道钩杀幼虫，掏出虫便后注射 80% 敌敌畏乳油 10~20 倍液，也可用蘸药棉球或黄泥封堵蛀道口，使幼虫窒息而死。

2. 蚜虫

蚜虫属同翅目蚜科昆虫，俗称厌虫或腻虫。

【危害特点】蚜虫（图 8-12）是危害花椒最主要的害虫，成虫和若虫均可危害花椒，群集在新叶、花蕾及嫩枝处吸食汁液。叶片受害会向背面卷曲、皱缩，生长畸形；花蕾、幼果受害会脱落，或者最终所结的花椒果色不鲜，品质低下。蚜虫排泄的蜜露使叶片表面油光发亮，诱发煤污病等病害，叶片的正常代谢和光合作用受到影响。

图 8-12　蚜虫

【发生规律】蚜虫对花椒危害的轻重程度与天气相关，春季气温回升快，蚜虫繁殖代数增多，危害加重；秋季温暖少雨，不但有利于蚜虫迁飞，也有利于蚜虫取食和繁殖。蚜虫的繁殖力强，在早春和晚秋完成 1 个世代需 2~3 周，夏季盛发期只需 4~5 天，一生可产生若蚜 60~70 头。

【防治方法】

1）在花椒萌芽前 2 周喷施 3~5 波美度石硫合剂，杀灭越冬虫卵。

2）用浸泡 24 小时的橘子皮溶液喷洒植株表面，同时辅以少量洗衣粉溶液喷洒在叶面及嫩枝芽端处。

3）蚜虫发生初期，可选用 10% 吡虫啉可湿性粉剂 1500 倍液，或 70% 吡虫啉水分散粒剂 3000 倍液，或 3% 啶虫脒乳油 1000 倍液。发生严重时，可全树喷 20% 噻虫胺悬浮剂 1000 倍液，或 50% 抗蚜威（氨基甲酸酯）可湿性粉剂 3000 倍液，或 2.5% 溴氰菊酯乳剂 3000 倍液，或 1.8% 阿维菌素乳油 2500~3000 倍液，或 20% 氟啶虫酰胺悬浮剂 3000 倍液，交替使用不同的农药，避免蚜虫产生抗药性。

4）迁飞期，每亩挂 10~12 张黄板诱杀蚜虫，同时注重保护瓢虫、草蛉等天敌。

3. 蚧壳虫

蚧壳虫是同翅目蚧类昆虫的统称，危害花椒的有吹绵蚧（图 8-13）、粉蚧（图 8-14）、矢尖蚧及桑白蚧等。该类昆虫有发达的刺吸式口器，口针超过身体几倍长，常年吸食植物汁液。

【危害特点】蚧壳虫雌成虫或若虫聚集在枝干、叶片上，吸食汁液，排出粪便，使叶片

图 8-13　吹绵蚧危害症状

图 8-14　粉蚧危害症状

变黄、枝条萎缩、树势衰弱。以桑白蚧为例，受害的花椒枝干上出现密集的白色粉末状物，危害严重时，树皮被层层重叠的雌成虫的白色蚧壳或雄虫的白色絮状蛹壳覆盖，并引发膏药病。

【发生规律】蚧壳虫 1 年发生 1 代或几代，5 月、9 月均可见大量若虫或成虫，10 月后若虫在树干上越冬，在膏药病的厚膜状菌丝层下越冬的为多。

【防治方法】

1）冬、春季用草把或刷子抹杀在主干或枝干上越冬的雌虫和茧内雄蛹，也可用废机油涂抹蚧壳虫聚集的枝干处，杀死越冬虫体。

2）清园后和开春后花椒发芽前各喷 1 次石硫合剂。

3）5~6 月若虫期及时喷施 22.4% 螺虫乙酯悬浮剂 1500 倍液，或 30% 螺虫・噻虫嗪悬浮剂 1500 倍液。

4）人工铲除或者用石硫合剂涂抹膏药病病处，注意保护寄生蜂、瓢虫、草蛉等天敌。

4. 红蜘蛛

红蜘蛛属蛛形纲蜱螨目叶螨科动物，也称朱砂叶螨。

【危害特点】红蜘蛛主要在花椒叶背或芽上刺吸汁液，并吐丝结网。受害初期叶片出现黄白色斑（图 8-15），后变成小红点，老叶正面发白，叶质变脆，严重时叶片枯黄脱落。

图 8-15　红蜘蛛危害叶片初期症状

【发生规律】花椒红蜘蛛主要在春、秋季发生，喜高温干燥的环境，在干旱、高温的年份繁殖迅速，危害严重。红蜘蛛有从老叶迁移至春梢嫩叶危害的习性，红蜘蛛危害叶片后受害处初呈浅绿色，后变为灰白色斑点，严重受害时，叶片背面布满灰尘脱皮壳，叶片先端呈灰白色。

【防治方法】

1）每年于 3 月中旬和 6 月中旬分别在树干分枝以下处涂抹一圈粘虫胶圈，对红蜘蛛的地表防治率达 90% 以上。

2）化学防治。红蜘蛛发生期喷施 15% 哒螨灵乳油 1500~2000 倍液，或 1.8% 阿维菌素乳油 300 倍液，或 45% 联肼・乙螨唑悬浮剂 10000 倍液，或 21% 阿维・螺螨酯悬浮剂 5000 倍液，每年 3~7 月和 9~10 月各防治 1 次。

5. 蜗牛

蜗牛是腹足纲柄眼目蜗牛科的软体动物，又称小螺蛳。

【危害特点】蜗牛（图 8-16）在春季取食幼芽和嫩梢，夏季取食幼嫩枝，造成树干皮层伤口，为其他病害提供入侵途径。蜗牛啃食叶片边缘只剩一层薄膜，同时排出粪便，影响叶片光合作用。

图 8-16　蜗牛

【发生规律】蜗牛成体为黄褐色，体背有一个硬质螺壳，卵为白色，球形；幼体较小，螺壳为浅黄色。1 年发生 1 代，11 月以成体或幼体在浅土层或落叶下越冬，第 2 年 3 月中旬开始活动危害，5 月成体在根部湿土中产卵，幼体孵出群集取食，然后分散危害。蜗牛喜阴暗潮湿，田间湿度大、花椒种植密度大的情况下容易密集发生危害。干旱高温时期则蛰伏在阴暗潮湿处，只有降雨后才会出来进食。

【防治方法】

1）及时清理植株周围杂草和落叶，发现蜗牛立即人工捕杀。林下养殖家禽（图 8-17），可以有效减少蜗牛数量。

2）化学防治（图 8-18）。选用 80% 四聚乙醛可湿性粉剂 800 倍液或 50% 杀螺胺乙醇胺盐可湿性粉剂 500 倍液喷雾土壤表面，也可用 6% 四聚乙醛颗粒剂全园撒施，喷药选在清晨、日落后天黑前或雨后天晴且蜗牛头部外露时效果最佳。

图 8-17　林下养殖家禽

图 8-18　化学防治后大量蜗牛死亡

3）在树干周围撒新鲜草木灰可避免蜗牛上树危害。

6. 潜叶蛾

潜叶蛾属鳞翅目潜叶蛾科昆虫，又称鬼画符、绘图虫。

图 8-19　潜叶蛾危害叶片症状

【危害特点】潜叶蛾幼虫啃食叶片形成蜿蜒盘旋的细小隧道（图 8-19），隧道中可看见棕色的粪便，严重时叶片不断萎缩硬化，影响光合作用。潜叶蛾幼虫危害的叶片会出现伤口感染，引发溃疡病和红蜘蛛的危害。

【发生规律】潜叶蛾发生的最适温度范围为 24~28℃，1 年内发生代数多，世代重叠严重。幼虫孵化后从卵底面潜入叶表皮下取食叶肉，并掀起表皮，形成银白色弯曲隧道。潜叶蛾以蛹或老熟幼虫在秋梢或冬梢嫩叶表皮下越冬。

【防治方法】

1）结合栽培管理及时抹芽控梢，摘除过早、过晚的新梢，通过肥水管理使夏梢、秋梢抽发整齐健壮。

2）化学防治。选用 20% 氯虫苯甲酰胺悬浮剂 3000 倍液，或 20% 四唑虫酰胺悬浮剂 3000 倍液，或 3%啶虫脒乳油 1000 倍液，或 10%吡虫啉可湿性粉剂 1500~2000 倍液，或 3%

阿维菌素悬浮剂 3000 倍液等喷雾防治。

3）成虫期和低龄幼虫期是重点防治时期。宜在傍晚喷药，可直接击倒成虫，药效好。在晴天的午后喷药，利用高温促进熏蒸或渗透作用，灭杀初孵幼虫及低龄幼虫，药效较好。

三、花椒冻害

花椒冻害主要发生在冬季，受持续低温或极端低温的影响，导致花椒枝干韧皮部开裂（图 8-20），受冻枝条生长停滞甚至干枯死亡。冻害是影响植株正常生长，导致花椒品质和产量下降的重要因素，应引起种植者的高度重视。

花椒冻害重点是预防，应做好以下工作。

（1）合理施肥 在整个生产过程中要尽量避免单施氮肥，适当增加磷肥、钾肥和有机肥的施用，以提高植株枝叶的质量，增强其越冬抗寒的能力。

（2）合理修剪 在越冬之前要及时修剪徒长枝、过密枝、病虫枝（图 8-21），避免这些无效枝条挤占养分，以提高越冬枝条的营养条件和木质化程度，从而增强花椒植株越冬期间的耐寒能力。

图 8-20 冻害造成枝干韧皮部开裂

图 8-21 越冬前进行修剪

（3）地膜覆盖或培土 在 11 月土壤温度显著下降前进行地布、地膜覆盖（图 8-22 和图 8-23）或者在树干基部培土，可以在一定程度上减轻低温的危害程度。

图 8-22 覆盖地布预防冻害

图 8-23 覆盖地膜预防冻害

（4）树干涂白 树干涂白（图 8-24）是植株栽培普遍采用的方法，不仅可以防虫治病，而且可以有效避免冻害的发生。在入冬前，用石灰 15 份、食盐 2 份、豆粉 3 份、硫黄粉 1 份、水 36 份，或生石灰 5 份、硫黄粉 0.5 份、食盐 2 份、植物油 0.1 份、水 20 份，制成涂白剂，也可以用晶体石硫合剂 30 倍液涂抹枝干，涂白高度一般为 60 厘米左右。

图 8-24 树干涂白

（5）灌溉防冻（图 8-25） 低温来临前灌足底水，可以有效稳定土壤温度，阻碍低温对地下根系的侵袭，降低冻害的危害程度。

图 8-25 灌溉防冻

（6）喷施防冻剂 遇到极端低温环境，提前 10 天左右使用 25 波美度石硫合剂 500 倍液对整株花椒进行喷施（图 8-26）；或树冠喷施含腐殖酸和微量元素的叶面肥，如济农经典、德国植物动力 2003 等；或树冠喷施植物生长调节剂，如 0.004 芸苔素内酯水剂 1000 倍液，增强树势，以抵御外界低温的影响。

图 8-26 喷施防冻剂

CHAPTER 09

第九章 花椒果实采收和干制

一、 花椒果实采收

1. 采收适期

花椒采收适期主要在夏季和秋季。红花椒一般在 7 月下旬 ~9 月下旬采收上市。红花椒成熟的标志是果实全部呈现出该品种特有的红色（图 9-1），果皮上油胞凸起发亮，种子变黑。花椒果实未充分成熟的时候，色泽浅、香气淡、麻味差，品质欠佳；采收过迟，果实开始脱落，遇雨易发生霉变，影响品质。青花椒一般在 5~7 月采收上市，少数晚熟品种在 8 月中下旬采收。青花椒成熟的标志是果实长到该品种固有的大小（图 9-2），果皮油胞凸起发亮，果实深绿鲜亮，用于保鲜加工的青花椒比用于干制的青花椒要提前 6~10 天采收。

图 9-1 成熟的红花椒

图 9-2 成熟的青花椒

2. 采收方法

目前花椒采收方法大致有两种，一是采收果穗，二是整枝剪截。

（1）采收果穗　采收果穗要注意以下事项。

1）选择晴天采收，雨天采收容易导致果实霉变，品质下降。

2）不要伤及果穗附近的花芽和叶片（图 9-3），以免影响第 2 年的成花结果。

3）不要用手搓捏和重压采收下来的果穗，避免油胞破裂散失，影响花椒的色泽和品质。人工采收仍是收获红花椒的主要方式（图 9-4）。采收时用左手固定花椒结果枝，用右手手指或者工具将花椒果穗基部截断，摘下来放入筐中。采收果穗非常费工、费时，即使是有经验的熟练工一天也只能采收 20 多千克，没有经验的工人一天只能采收 10 多千克。在行情不好的年份，采收的人工费用占比甚至超过产值的 1/3，因此采收成了花椒产业发展最大的限制因素。为了提高采收速度，发明了各式各样的采收辅助工具，这些辅助工具在一定程度上减轻了劳动强度，但不能明显提高采收速度，因此未得到广泛推广。

图 9-3　采收红花椒时注意不要伤及第 2 年的花芽

图 9-4　人工采收红花椒

（2）整枝剪截　青花椒成熟的时候，在结果枝下部 10 厘米处下剪，将整个结果枝剪下来（图 9-5），然后转移到园外处理（图 9-6）。可以采用人工的方法，将果穗采收下来，这

图 9-5　整枝剪截

图 9-6　整枝剪截后转移到园外处理

种方法与传统方法（人工直接在植株上采收花椒）相比，效率有所提升，但速度仍然较慢，因此人们又把农产品加工设施运用到了花椒采后处理上，即在将花椒整枝剪截下来后，运送到花椒处理车间进行干制。从整枝剪截到全部完成干制的过程都是机械操作，效率是人工操作远不可比的，劳动强度也比人工采收轻松得多。

目前，整枝剪截已经在青花椒种植区广泛应用，但是在红花椒种植区还没有推行，这与红花椒种植方式、产品特性和采收习惯有一定关联，红花椒也应找到一种快速采收的方法，以提高花椒产业的劳动效率和整体效益。

二、花椒果实干制

花椒果实采收以后，除了少数青花椒进行保鲜冷藏外，多数产品需要进行干制处理。干制就是采用自然或机械设施的方法，使产品含水量降到安全水平的过程。干制方式根据花椒种植规模确定，产量较少的种植户可以采取简易方法晾晒干制，种植规模较大的应采用设施、设备进行机械干制。

1. 晾晒干制

种植面积不大的农户，可采用晒席或布单晾晒花椒果穗。在摊晾之前要先对花椒进行整理（图 9-7），把混在花椒里面的枯枝、落叶、果梗及其他杂质清理出来，等 1~2 天水分降低后，再移至太阳下暴晒。花椒不可放置在水泥地面或石板上暴晒，否则贴近地面的花椒容易遭遇高温灼烫，造成干制后的花椒颜色变暗，影响品质。晾晒时不可摊置得过厚，以厚度为 3~5 厘米为宜，晾晒 3~4 小时翻动 1 次，待果皮充分开裂，用木棍轻轻敲打取出种子，将果皮与种子分离（图 9-8）。

图 9-7　摊晾前进行整理

图 9-8　分离果皮与种子

2. 机械干制

对于种植大户或者企业，采用自然条件下的晾晒干制方法是不行的，必须采用一定的设施、设备进行干制，以提高干制效率和产品品质。目前类似的设施、设备很多，主要包括烘干设施和筛选设备。烘干设施包括烘干池（图 9-9 和图 9-10）等。烘干池由三面墙和一面隔板组成，烘干池的空间大小根据干制设备的供热能力和干制花椒数量确定，一般是高 2 米、宽 2 米、长 4 米。前面的隔板有供热送风的窗口。热源经管道供热进行烘烤干制。烘烤开始时控制烘房温度为 50~60℃，2.0~2.5 小时后升温到 80℃左右。装填果枝后进行烘烤（图 9-11），青花椒整枝剪截需要烘烤 36~40 小时，在烘烤期间一般不翻动。花椒烘干以后用滚筒筛进行枝、果分离（图 9-12），然后进行机械筛选，剔除杂质和种子（图 9-13 和图 9-14），再装袋贮藏（图 9-15），适时上市。采收果穗的红花椒由于没有果枝混杂其间，因此烘烤时间不需要太长，一般烘烤 8~10 小时即可。由于果穗上的果实分布比较紧实，因此烘烤过程中要注意经常翻动，开始时要求 1 小时翻动 1 次，以后随着花椒含水量降低，翻动的间隔时间可适当延长。红花椒烘干以后，筛选处理的方法与青花椒的相同。

图 9-9　烘干池

图 9-10　通过烧煤提供烘干池热源

图 9-11　装填果枝

图 9-12　用滚筒筛进行枝、果分离

图 9-13　机械筛选，剔除杂质

图 9-14　种子脱粒筛

图 9-15　装袋贮藏

参考文献

[1] 张和义. 花椒优质丰产栽培 [M]. 北京：中国科学技术出版社，2018.

[2] 梁臣. 花椒优质丰产栽培技术 [M]. 北京：中国农业出版社，2020.

[3] 王跃进，杨晓盆. 果树修剪学 [M]. 北京：中国农业出版社，2017.

[4] 苏家奎. 中国花椒产业调查分析报告 [J]. 农家科技，2021（1）：21-25.

[5] 李晓莉，黄登艳，刁英. 中国花椒产业发展现状 [J]. 湖北林业科技，2020，49（1）：44-48.